通俗易懂的

方与圆

志　舒◎编著

北方妇女儿童出版社

图书在版编目（CIP）数据

通俗易懂的大道理：方与圆 / 志舒编著. -- 长春：北方妇女儿童出版社，2019. 4（2021.9 重印）

ISBN 978-7-5585-3262-7

Ⅰ. ①通… Ⅱ. ①志… Ⅲ. ①人生哲学-通俗读物 Ⅳ. ①B821-49

中国版本图书馆 CIP 数据核字（2018）第 291734 号

通俗易懂的大道理：方与圆

TONGSU YIDONG DE DADAOLI FANG YU YUAN

出 版 人：师晓晖
策 划 人：师晓晖　魏广振
责任编辑：关　巍
开　　本：880mm×1230mm　1/32
印　　张：6
字　　数：120 千字
版　　次：2019 年 4 月第 1 版
印　　次：2021 年 9 月第 3 次印刷
印　　刷：阳信龙跃印务有限公司
出　　版：北方妇女儿童出版社
发　　行：北方妇女儿童出版社
地　　址：长春市福祉大路5788号
电　　话：总编办：0431-81629600
　　　　　发行科：0431-81629633

定　　价：29.80 元

前言

QIANYAN

我想，大部分人应该都见过古代的铜钱，一种中间有方孔的圆钱。正是这小小的铜钱，被古人赋予了多重寓意，而最有价值的意义当属有人把铜钱“外圆内方”的形状特点推崇为：为人之道，立世之本。

那么，何谓外圆，又何谓内方呢？内方是原则，方正；外圆是机变，宽容。外圆内方之道就是成功之道。一个人如果过分追求方正，就会不知变通，拒他人于千里之外；而一个人如果过于追求圆通，就会没有原则，虚伪世故。无论哪一种，在社会上都不能立足。方圆之道告诉我们做人要有骨气、有血性、有智慧、有胸怀。做人的准则，坚守的正义，纯真的梦想，不可因现实的残酷而随意改变。但又不可墨守成规、冥顽不化，要有圆融处世、适应社会潮流的技巧。在为人处世的过程中，应方圆有度，刚柔并济，才能笑到最后。

五千年的生存智慧，浓缩于方圆之中，似太极般刚柔并济，变幻无穷。方圆智慧以不变应万变，以万变应不变，让你进退自如，无往不胜。

为了让读者能充分了解方圆哲学，又能游刃有余地使用方圆之道，把握好方圆之度，我们推出了这本《方与圆》。书中没有高深莫测的理论，它只是帮助您更深刻地认识人、认识社会、认识人生。全书共分七章，在内容上涵盖了社会和生活的方方面面，从方圆之道衍生到为人之道、交友之道、商海之道等，并用大量事例进行佐证，教您在生活、职场、商海中恰当地应用方与圆的哲学，以使您的事业更成功，生活更自在。

本书取材于我们熟悉的生活，语言平实优美，可读性强。如果您想要在人际交往中如鱼得水，如果您渴望拥有高质量的生活，相信本书不会让您失望。

目录

MULU

第一章　内方外圆，做事要有“套路”

第二章　诚信，人际交往的“信用卡”

第一章

内方外圆，做事要有“套路”

▼

外圆内方，做个狡猾者

船头为什么不是方形而总是尖形或圆形的呢？是为了劈波斩浪，更快地驶向彼岸。人生像大海，处处有风浪，时时有阻力。我们是与所有的阻力较量，拼个你死我活，还是积极地排除万难，去争取最后的胜利？生活是这样告诉我们的：事事计较、处处摩擦者，哪怕壮志凌云，即使聪明绝顶，也往往落得壮志未酬泪满襟的结果。为了绚丽的人生，需要太多痛苦的妥协。

旧中国，在封建势力的高压下，为了维护人格的独立，许多正直而又有智慧的知识分子，在复杂多变的环境中，逐渐形成了“外圆内方”的性格，不是锋芒毕露、义无反顾，而是有张有弛、掌握分寸。1935 年，蔡尚思写就《中国社会科学革命史》时，前辈欧阳予倩曾谆谆告诫这位青年史学家：“秉笔的态度自然要严正，不过万不宜有火气……可否寓批评于叙述中呢？”他建议以“纯研究的态度”做进攻的“挡箭牌”，书名宜改为《中国社会思想史》。最后，欧阳予倩感叹道：“蔡先生，我佩服你的努力，可是思想界的悲哀，谁也逃不掉啊！”不过，这些知识分子在方式方法和局部问题上，可以委婉圆润，有所妥协，而在事关大是大非、人格良心的原则立场上却毫不含糊，旗帜鲜明。

近代职业教育家、中国民主同盟领袖之一黄炎培即是典型。“取象于钱、外圆内方”是他亲笔书写的处世立身的座右铭。他在 1946 年第三方面调解国共冲突时未尝不委曲求全，“不偏不倚”，从未与蒋介石处于对立面。当蒋介石以“教育部长”许愿企图将他诱入伪“国大”泥沼时，黄炎培却不为所动，答以“我不能自毁人格”，维护了政治气节。

外圆内方是一种微妙的、高超的处世艺术，它是近代独立人格在东方专制国度里可喜又可悲的变形。它维护了人格的独立，保全了人才的精华，但也损伤了自由的尊严，使人格主体为把握正义和生存的平衡艰难地度量着。

1947 年底，在国民党的淫威下，黄炎培代表民盟被迫与当局达成自动解散民盟的协议。尽管此举避免了广大盟员不必要的流血牺牲，但黄炎培良心上的失落感却使他极其痛苦不安，吟出“黄花心事有谁知，傲尽风霜两鬓丝”的诗句。“外圆内方”者的内心是分裂的，他们最大的困惑和苦痛就是如何将双重的人格自觉地在现实中加以弥合。

为人处世要方圆兼顾。只圆不方，是一个八面玲珑、滚来滚去的“球”，很难在社会上立稳脚跟。方，是人格的自立、自我价值的体现，是对人类文明的孜孜以求，是对美好理想的坚定追求。一个成熟的人，无论处在人们可以想象还是无法想象的困境，他都矢志不移、义无反顾地追求自己的人生目标，以求对人类、对社会的最大贡献，这便是所谓的“方”。把“方”和“圆”完美地结合起来，才能左右逢源，无往不利。

智慧箴言

方圆智慧是为人处世的高超艺术，也是人生的永恒智慧。方圆有度，才能在社会生活中占据一席之地，才能使自己走向成功。

▼

品质要方，处事要圆

为什么铜钱是内方外圆？这就是中国辩证哲学的集中体现，做事要方，做人要圆。

人活在世上，无非是面对两大世界，身外的大千世界和自己的内心世界。人，一辈子无非是做两件事——做事和做人。怎么做事和怎么做人，从古至今都是人类探讨的课题。多少人一辈子都在哀叹做人难，难做人，人难做，但一枚小小的铜钱却将一切变得那样简单，那样明白。

先说方，做事要方，便是说做事要遵循规矩，遵循法则，绝不可乱来，绝不可越雷池一步，这个道理在中国已流传了上千年。

中国人常说的“没有规矩，不成方圆”“有所不为，才可有所为”，就是“方”这个道理。

每一个行业都有自己绝不可逾越的行规。比如说做官就绝对要奉守清廉的原则，从一开始就要做好承受清贫的思想准备，就像曾国藩家训“八不得”中的“为官要清，贪不得”一样。如果做官开始的动机就不纯或慢慢变质，企图以权谋私或权钱演变，那这个官就绝对当不好、当不长了。

为商要奉行的金科玉律是一个“诚”字。真正的商人必是以诚行天下，以诚求发展，绝不会行狡诈、欺骗之伎俩，为一些蝇头小利或眼前得失而失信于天下。韩国因商业楼倒塌而产生震惊世界的惨案，便是由韩国的建筑承包商在建造大楼时偷工减料引起的；中国生产鳖精厂家的秘密彻底被揭露，是因为生产鳖精的厂家生产的竟是没有鳖的鳖精，犯了行商的大忌。

做学问信奉的是一个“实”字。一步一个脚印，一天一点儿长进，方能积少成多，积薄成厚。那些虚假的沽名钓誉之辈终将会成为人类的笑柄。

做人要圆。这个圆绝不是圆滑世故，更不是平庸无能，这个圆是圆通，是一种宽厚、融通，是大智若愚，是与人为善，是居高临下、明察秋毫之后心智的高度健全和成熟。不因洞察别人的弱点而咄咄逼人，不因自己比别人高明而盛气凌人，任何时候也不会因坚持自己的个性和主张而让人感到压迫和惧怕，任何情况都不会随波逐流，要潜移默化地影响别人而又绝不会让人感到是强加于人……这需要极高的素质、悟性和技巧，这是做人的至高无上的境界。

圆的压力最小，圆的张力最大，圆的可塑性最强。

圆好做又不好做。好做是因为如果人真正有大智慧、大胸襟，真正能自强自信、心态平和、心地善良，凡事都往好的一面想，凡事都能站在对方的立场为对方着想，人的弱点皆能原谅，即便是遇见恶魔也坚信自己能道高一丈，如若真能那样，人还有什么做不好呢？

凡是内心孤独的人必喜虚张声势，内心弱小的人必好狐假虎威，心中有鬼的人必爱玩弄伎俩，没有自信的人必会尖酸刻薄，试问这样做人又从何谈圆？

当然也不乏有人为了某种利益和目的不惜敛声屏息，不惜八面讨好，不惜左右逢“圆”。但这种圆和那种圆绝对有本质区别，这种“圆”的后面是虚伪和丑恶。

任何成功的后面都包含着牺牲。如果说有人能做到内方外圆的话，那也肯定付出了许多的牺牲。比如说做事要方，那就意味着许多事不能做、许多事又非要做，那无疑也就意味着会得罪许多人、惹恼许多人，意味着要舍弃许多利益，甚至招来杀身之祸。中国的民族英雄岳飞，在“忠君”和“忠国”之间，为了“忠君”舍弃了“忠国”。为了所谓的原则，他惨死在风波亭。

做人圆，那也会有牺牲。有时要牺牲小我；有时要忍辱负重、忍气吞声；还有更多的时候要承受屈辱、误解，甚至来自至亲至爱的人的伤害。如明明你在履行一种神圣的职责，他却以为你好大喜功；明明你是深谋远虑，他却认为你是哗众取宠。

小牺牲换来小成功，大牺牲换来大成功。能做到“方”“圆”，却并没有感到那是一种牺牲、痛苦的，才是大成功、大境界；能为了“方”“圆”去承受牺牲的，是小成功、小境界；不愿牺牲也做不到“方”“圆”的，是不成功。

智慧箴言

如果只是为了利益而不择手段，什么都敢干，做人时刁钻古怪、锋芒毕露、心狠手辣的话，那这个人一定会遭人厌恶，不能容于天下了。

▼

处事要有度量，做人要有弹性

如何保持做人的弹性呢？下面就概括了几点。

一、和初次接触的人交往

因为是初交，彼此不怎么了解，心灵尚未沟通，如果过急地亲密，则很容易让人产生交际动机不纯或交际态度轻薄的看法。

生活中，有许多人和别人打交道时总是“见面熟”，使人大惑不解，其真诚程度往往大大地打了折扣。相反，如果在初次交往时过于冷淡，又易使人产生你目中无人或深不可测、老谋深算的感觉，使人望而生畏。一般来讲，许多人不愿与过于“老成”的人交往，因为和这类人交往总得带着戒备的心理，以防被对方捉弄。所以，在初次与别人交往时，应通过逐步接触，视了解的程度和可不可交的情况来确定交往的深度和关系的疏密。那种急于求成、匆匆结友的做法，恐怕有点儿失之慎重。

日常交际实践中，由于缺乏必要的了解就盲目走到一起的行为常常酿成终身之恨。尤其是青年男女，在相互不了解彼此的性格、爱好、志向的情况下匆匆成婚而酿成悲剧者，不乏其例。当然，因过于谨慎、过于冷漠而失去交友的良机，也是让人遗憾的事情。在初次交往时最聪明的做法是让你的交往带有“弹性”，有自由伸缩的余地，这样既能把握住良机，又能慎重、自如地进行交往。

二、和有隔阂的人交往

人与人之间总是难免存在着隔阂，一旦存在隔阂，在交往时必然产生一定的戒备心理。尤其是那些本来相识甚至是好朋友的人在发生误解而失去往来之后又重新打交道的时候，只要有一方在处理关系时有所不慎，都可能引起另一方的高度敏感，甚至使双方的关系进一步恶化。

所以，和与自己有隔阂的人交往时，一般应既主动接近，又保持适当的距离；既“察言观色”，掌握对方心理，又不过于敏感、捕风捉影、胡乱猜疑。一切都应处理得从容不迫，富有“弹性”，留有余地，随着交往次数的增多，彼此重新认知并意识到过去的误解或认知上的差异，那么，双方的隔阂或矛盾就会自然消除。

三、在一些特定场合下的交往

有些场合的交往也需要讲究点儿“弹性”，比如在公关活动中，在商业、外交谈判中。这些特殊的交往如果不讲究“弹性”策略，就会显得操之过急或失之偏颇。一般来讲，在公关活动中，公关的目的是尽最大努力树立自己美好的形象、扩大知名度、赢得别人的信赖，从而更好地进行交往。在这种场合下，交往既应实事求是，又应维护自己的形象或所代表机构的声誉，如果一味趾高气扬、自吹自擂，不仅会破坏自己的形象，公关也会化为泡影。反之，一味低三下四、“谦卑”十足，也同样让人倒胃口，让人觉得你的公关形象猥琐丑陋，甚至产生不屑与你交往的想法，所以公关活动有方法、技巧的讲究，“弹性”公关就是其中之一。

在商业、外交谈判中也存在同样的问题，双方既是竞争对手，又是合作伙伴；既可能是敌人，又可能是朋友。在这种情况下的交往，就是要在双方既矛盾又统一的状态中，寻找双方都需要和乐于接受的东西。这就需要“弹性”策略，即把关系处理得松紧适度，易于回旋，既能保证不增加矛盾冲突，又便于进一步增进联络、加强合作。

四、在特定情境下的交往

人们进行交往总离不开语言。在有些特定情境下，人们不可把话说得太肯定、太绝对，而应该灵活多变、可上可下、可宽可窄、可进可退，这也需要在言语交际中带上一定的“弹性”，这样，有利于自己掌握交往的主动权。

在交往中时常会遇到这种情况，比如别人要你对某事谈谈看法，而你一时又没有完全的把握，你不妨利用判断的不确定性，用“也许、或许、可能、大概”等词语来表述你的看法，为自己留下变动的余地。尤其是在复杂多变的情况下，如此表态有滴水不漏之功效。另外，也可以利用一些词语的宽泛性和模糊性使话语带上弹性，比如某男女相爱，别人问男方对女方有何印象时，男方如果不愿以实相告（这种情况多出于保密或性格内向等情况），不妨这样说：“我对她总的印象是深刻的。”这里，印象一词语义宽泛而模糊，“深刻”也没有什么明确界限，这样便使自己的态度带上了“弹性”，为日后进一步交往留下了回旋余地。

智慧箴言

“弹性”策略在交际中的运用是十分有效的，只要你掌握了“弹性”交往的规则和技巧，你就会在与别人的交往中游刃有余，轻松愉快。

▼

“问题”来了，要学会灵活机变

现代社会是一个竞争激烈的社会，竞争各方为了跻身竞争前列，无不使出浑身解数，不断推出新思想、新办法、新技术、新产品。激烈的角逐和竞争，使社会现象变化异常迅速。现代社会变化的速度，是历史上任何一个时代都无法比拟的。生活在这样一个飞速变化的社会，需要人们具有超级灵活、敏捷的应变能力，审时度势，纵观全局，于千头万绪之中找出关键所在，权衡利弊，及时做出可行、有效的决断。从某种意义上可以这样说，在现代社会中，这种应变能力已经成为一种新的生存能力。谁能最及时且正确地洞察社会变化，并能最迅速地做出反应，谁就将走在前头。而头脑封闭、反应迟钝、因循守旧、故步自封的人，会一再地坐失良机。不能深察明辨，盲目轻率地追随潮流变化的人，也会“差之毫厘，失之千里”，造成决策的失误。

在现代社会，单单向前人讨教怎样生活、怎样做人，已经远远不够了，我们还需要在社会生活中去探索、去体会、去总结。对于生活和做人的道理，前人确实探索过、研究过，留下了极其丰富的著述，充满了哲理和心得。但是，倘若你以为凭借前人的经验之谈，就可以顺顺当当地走完自己的人生之路，那就可能要大吃苦头。在多变的社会里，真正的危险不在于生活经验的缺乏，而在于认识不到变化，或不能把握变化的规律。一个发展节奏加快、组合形式复杂的社会，在不同的人们中产生了不同的际遇：对于那些适应力强的人来说，多一扇门就多一分希望，多一种变化就多一个机会；对于那些适应力弱的人来说，可能再多的门和机会都是无益的。性格封闭的人，不能把握社会变化的规律和趋势，无法对这种变化做出快速的反应，在多变的社会中就会处处碰壁，撞得鼻青脸肿而找不到出路。加速旋转的生活舞台，可能产生一种离心力，把一些不适应的弱者甩出去。

在变化面前无法适应的人，难以享受到新生活带来的乐趣。老年人害怕变化，希望按照自己熟悉的生活方式安度晚年，这没有什么奇怪的。害怕变化，这是心理衰老的一种标志。但是，青年人应当欢迎变化，不应当对变化采取漠视甚至抵抗的态度，因为那将使自己的心理面临衰老的危险。

灵活机变主要表现在为人处世的能方能圆、适应与变通上。大致可以归结为三个“不苛求”。

一、不苛求环境。现代社会的发展为社会成员的自由流动提供了日益充分的物质条件，人们对环境的选择要求日益严格。

然而，即使是在高度现代化的社会，人们对环境的选择也总是有一定的限度。在我们这个正在从事现代化建设的国家，由于历史的原因，更由于生产力水平的限制，在一个较长的时期内，环境与人的交互作用的主导面，恐怕还是人通过调节自身来适应环境，而不是通过新的选择来调换环境。

善于适应环境表现了人的机动灵活，它具有多方面好处：第一，能协调自己与环境的关系；第二，能优化自己的心境与情绪；第三，能调动自己内在的积极性；第四，能为进一步发展做出准备。我们提倡积极地、主动地适应环境，而不是消极地、被动地顺应环境。

二、不苛求他人。与人交往时，不应苛求他人。首先要做的一点就是，承认别人能同自己一样选择、保护、发展他们的个性、习惯、兴趣和观念等。这也是灵活性格的重要表现。

不苛求他人的另一要求是宽容待人。尊重别人的个性、习惯等，是一种宽容。但是，当别人对自己表现出进攻的姿态时，能做到合理谅解、忍让，则是更大的宽容。当然，宽容并不是不讲原则，更不是寄人篱下，而是以退为进。能宽容别人，在人际交往中保持性格的灵活性，是有益的交往态度。

三、不苛求自己。这当然不是说对自己可以低标准、低要求。恰恰相反，不苛求自己，正是为了更好地要求自己。

不苛求自己主要有两方面的含义。

（一）情感上的超脱。挫折、坎坷乃生活的题中之意。痛苦与欢乐同在，烦恼与幸福共存。成功的希望越大，失败后的痛苦就越深；智能越高，对苦闷的体验越敏感。要求一个神志清醒且有进取心的人对挫折和失败无动于衷，是不现实的，正确的做法是迅速摆脱困境。超脱痛苦的情感，正是为了使现实的自我上升到理智的“超我”，从而实现自己的志向。

（二）志向上的弹性处理。每个有进取心的人都有自己的志向或目标。但是，制定了目标未必一定能实现。灵活地对待自己，就是要对目标的难以实现进行正确的归因，而不是一味地责怪自己无能、没出息。

智慧箴言

灵活机变就好比登山，这条路走不通，可以走别的路；一时登不上山峰，可以先登上半山腰。这种现实的灵活态度，倒可能最终把你引上“风光无限好”的山顶。

▼

只有变，才能通

传说伯乐有一个儿子，想继承父业，学习相马之术。有一天，伯乐的儿子拿着父亲写的《相马经》外出寻找千里马。《相马经》上说："千里马的主要特征是，高脑门儿，大眼睛，蹄子像摞起来的酒曲块儿一般。"伯乐的儿子出门没走多远，便看见一只癞蛤蟆，于是他兴高采烈地跑回家，告诉父亲说："我找到千里马了，跟《相马经》上说得差不多，高脑门儿，大眼睛，只是蹄子不像摞起来的酒曲块儿罢了。"伯乐听了之后，啼笑皆非，只好说："只可惜这种马只爱跳，不能骑啊！"

这个寓言讽刺了那些拘泥成规、一成不变、缺乏机动灵活反应力的人，因为他们缺乏变通之术，找不到自然规律所在。然而，社会却是一日万变、错综复杂，事物也处在不断变化发展的过程当中。因此，从良好处世的角度而言，我们应该学会变通，不要成为时代车轮下的一个“古董”。

一个人不能两次踏入同一条河流。时过境迁，一切都处在变化之中，我们不能重走过去的路，所以智者在社会交往中会根据自己所处的场合与情境的变化考虑应变的方式，而愚者不知应变，往往会被现实所抛弃。在不同的时代、不同的场合中，做事说话也要适时、伺机而动，同时，还要因人而异，考虑不同人的身份、地位，以不同的交往方式赢得不同人群的认同，这才是明智的举措，如墨守成规，不会随机应变，势必在社会交往或做事中如哑巴吃黄连，有苦说不出。

大学毕业后，小张被分配在省城一所大学教书，并在省城安家立业，但每年回家，家乡都是老样子，荒芜又贫困。他决心为家乡闯出一条致富路，于是他毅然辞去大学的工作，回到家乡承包了40亩荒地，开始建造示范农场。可是，不到两个月，小张就和村干部们发生了冲突。一次，因为村干部大吃大喝，他当面提出意见。干部们哪会服他这个年轻人，背后议论说：“读了几年书就了不起了吗？”又有一次，因为干部们按亲疏远近划分宅基地，小张找干部评理，又一次得罪了干部。

小张动用自己的全部积蓄，在山上盖起了石屋，开始了农场的建造。可是遇到了一连串的麻烦：实施计划需要的炸药要干部开证明才能购买，他受到了无端的刁难；农场需要资金，他又遭到干部的冷眼……有人劝小张，为了你的事业，去找干部服软认错，以换得他们不再刁难；或是给有实权的部门送点儿礼，换取贷款，否则你将一事无成。但是他却坚持说："做人要有人格，我绝不向落后的行为卑躬屈膝。见不得人的事我不干！"就这样，他一直孤零零地守着家，守着他的农场，守着他几近破碎的人生梦想。

显然，小张太死板了，虽然他看到了环境的改变，但却意识不到周围人情世故的变化，即便有所察觉，也不懂得变通，不会随机应变与人相处，其结果只能是守着农场和破碎的梦想过日子了。

20世纪60年代初期，我国曾击落过一架入侵的美制高空侦察机。在一次引人关注的记者招待会上，一位外国记者就此询问陈毅外长："请问外长先生，你们是用何种武器击落如此先进的高空侦察机的？"这是军事秘密，不能公开回答，但如不回答又会使提问者尴尬。陈毅就势举了举自己手中的拐杖，说："就是用这玩意儿把它捅下来的。"说着还做了个往上捅的动作。此举赢得了一片热烈的掌声。陈毅幽默而不失机智的回答，是外交场合中必不可少的。

变通的智慧同样适用于事业。只有敏锐感知环境的变化，才能在行动上顺应变迁。相反，如果不讲求适应的策略，不会加以变通的话，绝对要失败的。

作为华人电脑之王，王安的悲剧故事，可以算一个不懂变通的鲜明事例。

1951 年，王安离开哈佛大学，以仅有的 600 美元创办了王安实验室。次年，实验室改组为王安股份有限公司。50 年代末起，王安公司开发半自动照相排字系统。随后，王安转向台式计算器的开发。60 年代，王安公司的计算器独步天下。1970 年起，随着英特尔芯片的问世，整个计算器市场突变，王安公司的计算器市场已遭四面围攻。此刻，王安做了一个令人吃惊的决定：全面撤出计算器市场。后来，整个世界的计算器市场在芯片的枪林弹雨中几乎“血流漂杵”，王安凭先见之明，躲过一次大劫。

1971 年 11 月，王安公司推出 1200 型文字处理机。这是当时世界上最先进的文字处理设备，马上引起新闻界的浓厚兴趣。据说当时正因心脏病住院的小托马斯·沃森看到报纸上的消息时，脸色大变，立刻昏厥过去。1972 年，王安公司推出改进的 2200 型文字处理系统（WPS），从此 WPS 一词正式出现，在短短的几年内变成家喻户晓的名词。针对越来越激烈的竞争局面，王安公司掉转头来，把注意力集中在秘书们对机器的要求上。1976 年 6 月，当世界首次文字处理机展销会在纽约开幕时，王安公司展出全新的文字处理系统，成为展销会的最轰动事件。1978 年，王安公司已成为世界上最大的 WPS 生产厂家。80 年代初，王安公司营业额猛增至 15 亿美元，位居全美电脑公司第七位，同时它也在全世界的办公室里掀起一场革命浪潮。应该说，那时候的王安创造了奇迹，同时也达到了事业的巅峰期。

但是，这时候市场需求开始转向个人电脑，像王安的老对手 IBM 等纷纷毫不犹豫地投入到个人电脑的研发和生产领域，并迅速抢占了市场。而王安公司已不能像当年扔掉计算器一样，寻找新的战略转折点了，他仍一意坚持旧有的产品市场。结果，1985 年，王安公司首次出现亏损，其后持续下滑，最终在 1999 年落得被他人并购的结局。

正如比尔·盖茨所说，如果王安能完成他的第二次战略转折的话，世界上可能没有今日的微软公司，他比尔·盖茨也不会成为个人电脑时代的英雄。

王安的远见卓识曾使他获得非凡的成就和荣誉，然而对 PC 机和计算机网络发展前景的错误判断，不能及时变通，最终导致这位计算机界的巨人和他的电脑公司的悲剧。

智慧箴言

随机应变的策略不只适用于大环境的改变，在生活中，处在不同的场合，也要以不同的方式来说话做事。

善意的“谎言”也同样美丽

有时候，我们会讲一些善意的“谎言”，这源于我们的善良和友好。在某些特定的情况下，善意的“谎言”也同样美丽。

美国人霍特一生耿直，憎恶在人际交往中有任何作假。为此，他在50年的生命旅途中付出了沉重的代价，并终于有所顿悟。他痛苦地发现自己竟找不到一个可以倾心交谈的人，连妻子和儿女也离他远去。他只能把自己的新想法写在日记上，念给自己听。霍特这样说道：“我到今天才相信，人与人相处是没有绝对诚实的。有时候，适当的假话和假象更能促进友谊和爱情的发展。”

我的一位朋友，是一家医院的主治医生，一天，我们正在一起吃晚饭，突然他的电话响了，原来是值班医生说刚刚送进来一个重病患者。我的医生朋友二话没说，放下筷子就跑了出去，我也随他一同赶到医院。

见到伤者，我吓了一跳，只见伤者膝盖以下血肉模糊，且全身是血，还发出令人惊恐的喊叫声。他的意识模糊、眼神呆滞，好像快要死了。看到此情此景，我心想："这个人还能救得活吗？"我的这位医生朋友这时突然打了他一巴掌，大声喝道："坚强一点儿！这一点儿伤算得了什么！我马上就会把你治好的，你一定要撑下去。"

医护人员立即将伤者抬到了手术室，大约过了一个半小时之后，我的朋友从手术室走了出来。我便问他："你见到伤者时，真的以为这样的伤算不了什么吗？"他说："当时，我心中的第一个念头是：糟了，他恐怕没救了，因为大量出血，腰也扭断了。""那么你不是在说谎吗？""是啊，医生是不应该说谎的，但有时却不得不如此，我感到很为难。"我的朋友接着告诉我："我认为圆谎是名医的条件之一，像刚才的情形，如果我老实说：'哇，这么重的伤，一定没有救了。'他大概会当场就死去。话又说回来，这也是为了伤者好，所以医生为了救治患者不得不说谎。"第二天，我打电话向他询问伤者的情形，幸运的是伤者逃过了这一劫。如果按常理看，医生说谎自然不能被人们接受，但在特定情况下，善意的谎言于事有益。

谎言在人际交往中几乎是不可缺少的，有些人宣称自己从来不说假话，这句话本身就是一句假话。当我们得知亲人病重或朋友遭难，我们就时常会说一些与实际情形完全不符的假话。从这个意义上看，世界上没有不说假话的人。许多假话在形式上与人际间真诚相处不相一致，但在本质上却吻合于人们的心理特征和社会特征，人们都不希望被否定，人们都希望猜测中的坏消息最终是假的。为了人们许多合理的愿望暂时不至于落空，谎言就开始发挥作用。

将假话说好并不比说真话容易，我们应消除对谎言的偏见和罪恶感，这样，我们才能把假话说好。具体说来应注意以下三条规则：

其一，真实。假话是无法真实时的一种真实。当我们无法表露自己的真实意图时，我们就可以选择一种模糊不清的语言来表达真实。比如，当女友穿着新买的时装，问我们是否漂亮，而我们觉得实在难看时，我们便可以用模糊的语言回答说：“还好。”“还好”是一个什么概念，是不太好还是可以？这就是假话中的真实。它区别于违心而发的奉承和谄媚。

其二，合情合理。这是假话得以存在的重要前提。许多假话明显是与事实不符的，但因为它合乎情理，因而也同样能体现我们的善良、爱心和美好。经常有这样的事情：妻子患了不治之症，不久将要死去，丈夫为之极其颓丧。他应该让妻子知道病情吗？大多数专家认为：丈夫不应该把事情的真相告诉妻子，也不应该向她流露痛苦的表情，以增加她的负担，应该使妻子在生命的最后时期尽可能快乐。当一位丈夫忍受着即将到来的永别时，他那与实情不符的安慰反而会带给我们感动。因为在这假话里包含了无限艰难的克制。

其三，必须说。这是指许多假话非说不可，这种“必须说”有时候是为了摆脱令人不快的困境。例如，美国曾经就一项新法案征求意见，有关人员质问罗斯：“你赞成那条新法案吗?”罗斯说：“我的朋友中，有的赞成，有的反对。”工作人员追问罗斯：“我问的是你。”罗斯说：“我赞成我的朋友们。”

当我们按照上述三条规则去说假话，假话会给我们带来非凡魅力。只要我们心存善良、真实，把假话仅作为交际的一种策略，谎言就是美丽的。

智慧箴言

美丽的谎言是在善意基础上交际的必要策略。这同丑恶的假话和以不可告人的目的编造的假话相比，有着本质的区别。

第二章

诚信，人际交往的“信用卡”

随口的承诺，也要说到做到

为人处世之道，大概没有什么比诚实守信、取信于人更为重要的了。你的言行举止，时刻不可丢弃“诚信”这个根本。与人交往时，只要有这个根本存在，只要别人还信任你，你在其他方面的缺陷或许还有弥补的机会，但若失去了这个根本，别人不相信你了，不愿再与你共事、打交道了，那么，你只能孤军奋战。如今社会，孤军奋战者，没有几个不失败的。

守信誉，是一种可敬可佩的美德。人们以讲究信用来表达对别人的尊敬。

信誉实际上就是你办事儿的本钱，能为你树立一种良好的处世形象。

不管你在什么情况下办什么事情，总要对自己所说的话负责。你用自己的行动说服别人的异议，让他们亲眼看到你所做的都是为了他们的利益。为了遵守诺言，你可以放弃其他，给人一个可信的面孔。

汉灵帝末年，华歆、王朗一同乘船逃难。有一个人要搭船，华歆很为难，王朗说：“希望你大度一些，搭搭船有什么不可以？”后来强盗追来，王朗想把搭船的人扔掉，华歆说：“我刚才之所以犹豫，正是因为这个，既然已经接纳了他，他就已经把自己托付给我们了，怎么能由于危难而抛弃他呢？”世人以这件事来判断华歆和王朗的好坏。

信守诺言是人的美德。但是有些人在生活或生意上经常不负责地许下各种诺言，而很少能遵守，结果自然给别人留下恶劣的印象。如果你说过要做某件事情，就必须办到；如果你办不到，觉得得不偿失，或不愿意去办，就不要答应别人。

美国 IBM 计算机公司发展迅速，正是因为公司服务人员在产品的售后服务中具有高度的责任心、工作热情以及信守诺言的美德。

一天，菲尼克斯城的一个用户急需重建多功能数据库的计算机配件。公司得知后，立刻派一位女职员送去。途中恰遇倾盆大雨，河水猛涨，沿途的 14 座桥被封，交通阻塞，汽车已无法行驶。按常理遇到这种特殊情况，女职员完全有充分的理由返回去，但她并没有被饥饿和中途的艰险击退，仍勇往直前，巧妙地利用原来存放在汽车里的一双旱冰鞋滑向目的地，平时只有二十几分钟的汽车路程，今天却变成了 4 个小时的跋涉。女职员到达用户所在地后，又不顾旅途疲劳，及时解除了用户的困难。

IBM 公司正是以工作人员认真负责的态度和感人的行动，赢得了广大用户的赞誉。其计算机产品顿时成了用户争相购买的俏货，很快，这个公司的用户就遍布世界。

智慧箴言

你要让你的信用代表你，让你的名字走进每一个与你打过交道的人心中，你要使他们信赖你，觉得你是一个可靠的人。这是一定要坚持的“方”的原则。

▼

你若无信，你的余生只能是一片漆黑

诚信是一个人的立身之本，也是人际交往得以维系的重要德行。

孔子云：“民无信不立”“人而无信，不知其可也”“言必信，行必果”。《中庸》说：“诚者，物之终始，不诚无物。是故君子诚之为贵。”李白有“三杯吐然诺，五岳倒为轻”的诗句，民间有“一言既出，驷马难追”的谚语。这些名言警句都极言诚信的重要。“一诺千金”的佳话更是不绝于史。

到底什么是诚信？诚，即真诚、诚实；信，即守承诺、讲信用。诚信的基本含义是守诺、践约、无欺。通俗地表述，就是说老实话、办老实事、做老实人。人生活在社会中，总要与他人和社会发生关系。处理关系必须遵从一定的规则，有章必循，有诺必践。否则，个人就失去立身之本，社会就失去运行之规。

现在，许多人在市场经济的大潮中迷失了自我，急功近利、弄虚作假、伪善欺诈，客观上导致了人与人之间相互不信任，相互欺骗，严重扭曲了人与人之间的真诚坦白、和睦友善的关系。在这种环境中，诚信更加显得珍贵，有诚信的人也更加能得到他人的欣赏。

通用电器的老总杰克·韦尔奇把诚信看成是企业的“最高价值”。他在自传中说：“如果我在通用电器极力宣讲过什么话，那就是诚信。这是我们的最高价值，具有至高无上的重要性。在每次的公司会议上，我在结束发言时从来没有忘记过强调要诚信。”

诚信是企业赖以生存和发展的基础，古语说“得道多助，失道寡助”，一个企业有良好的诚信记录，在企业之林中就有立足之地。同样，诚信也是人的立身之本，是人际交往中不可缺少的厚实底色。

秦末有个叫季布的人，一向说话算数，信誉非常高，许多人都同他建立起了深厚的友情。当时甚至流传着这样的谚语：“得黄金百斤，不如得季布一诺。”（这就是成语“一诺千金”的由来）后来，季布得罪了汉高祖刘邦，被悬赏捉拿。他旧日的朋友不仅不被重金所惑，而且冒着灭九族的危险来保护他，终使他免遭祸殃。

一个人诚实有信，自然得道多助，能获得大家的尊重和友谊。反过来，如果贪图一时的安逸或小便宜，而失信于朋友，表面上是得到了“实惠”，实际上却是毁了自己的声誉，而声誉相比于物质更加重要。所以，失信于朋友，无异于捡了芝麻，丢了西瓜，得不偿失。

《郁离子》中记载了一个因失信而丧生的故事。济阴有个商人，过河时船沉了，只好伏在水草上大声呼救。有个渔夫闻声而至。商人急忙喊：“我是济阴最大的富翁，你若能救我，给你100两金子。”待被救上岸后，商人却翻脸不认账了。他只给了渔夫10两金子。渔夫责怪他不守信，出尔反尔。商人说：“你一个打鱼的，一生都挣不了几个钱，突然得10两金子还不满足吗?”渔夫只得快快而去。后来，那商人又一次在原地翻船了。有人欲救，那个曾被他骗过的渔夫说：“他就是那个说话不算数的人!”于是商人淹死了。商人两次翻船而遇同一渔夫是偶然的，但商人的结局却是意料之中的。因为一个人若不守信，便会失去别人对他的信任，这样一旦他处于困境，便没有人再愿意出手相救。

每个人的秉性不同，恶劣的行为可以加以掩饰，但自我本色却怎么都遮掩不住，虚饰的外壳很快就会脱落，甚至会让人因此而信誉扫地。相比之下，诚信就是一条安全的处世之道!

一颗诚挚的心是强劲有力的，富有内涵，不受私心的蒙蔽和拘泥。只有坚守诚信的人，才能拥有掌握真相的力量，得到别人的尊重和欣赏。

北宋词人晏殊，素以诚实著称。在他 14 岁时，有人把他作为神童举荐给皇帝。皇帝召见了他，并要他与一千多名进士同时参加考试。晏殊发现试题是自己 10 天前刚练习过的，就如实向真宗报告，并请求改换其他题目。宋真宗非常赞赏晏殊的诚实品质，便赐给他“同进士出身”。晏殊当职时，正值天下太平。于是，京城的大小官员便经常到郊外游玩或在城内的酒楼茶馆举行各种宴会。晏殊家贫，无钱出去吃喝玩乐，只好在家里和兄弟们读写文章。有一天，真宗任命晏殊为辅佐太子读书的东宫官。大臣们异常惊讶，不明白真宗为何做出这样的决定。真宗说：“近来群臣经常游玩饮宴，只有晏殊闭门读书，如此自重谨慎，正是东宫官合适的人选。”晏殊谢恩后说：“我其实也是个喜欢游玩饮宴的人，只是家贫而已。若我有钱，也早就参与宴游了。”这两件事，使晏殊在群臣面前树立起了信誉，而宋真宗也更加信任他了。

小张刚进入社会的时候，身边的朋友谆谆告诫：社会复杂、世事难料、人心叵测。受朋友的影响，他一度小心翼翼、如履薄冰，戴着有色眼镜看身边的人，很长时间都没有进入角色。他说：“别人和我说一句让我不舒心的话，我都以为他会有什么企图。可是经过一个时期的社会磨炼以后，我发现原来社会并不如别人说的那么艰难与险恶。”从此，他以诚信之心去处理人际关系，结果他在工作和生活中赢得了别人的尊敬和更多的朋友。

智慧箴言

诚信是人际交往中的一把钥匙，只要把握好了，每一个人都能开启和谐的人际关系之门。

▼

诚信，人际交往中不可或缺的厚实底色

在华盛顿举办的美国第四届全国拼字大赛中，南卡罗来纳州冠军——11 岁的罗莎莉 · 艾略特一路过关斩将，进入了决赛。当她被问到如何拼“招认”（avowal）这个词时，她轻柔的南方口音使得评委们难以判断她说的第一个字母到底是 a 还是 e。

评委们商议了几分钟之后，将录音带倒带后重听，仍然无法确定她的发音。

解铃还须系铃人。最后，主评委约翰 · 洛伊德决定，将问题交给唯一知道答案的人。他和蔼地问罗莎莉：“你的发音是 a 还是 e?”

其实，罗莎莉根据他人的低声议论，已经知道这个字的正确读法应该是 a，但她毫不迟疑地回答，她发音错了，字母是 e。

主评委约翰 · 洛伊德又和蔼地问罗莎莉：“你大概已经知道

了正确的答案，完全可以获得冠军的荣誉，为什么还说出了错误的发音？”

罗莎莉天真地回答说：“我愿意做个诚实的孩子。”

当她从台上走下来时，几乎所有的观众都为她的诚实而热烈鼓掌。

第二天，有一篇短文报道了这次比赛——《在冠军与诚实中选择》。短文中写道，罗莎莉虽没赢得第四届全国拼字大赛的冠军，但她的诚实却感染了所有观众，赢得了所有观众的心。

年幼的罗莎莉给我们所有人做出了榜样。然而，我们中的很多人都在不同程度上具有不劳而获的欲望，这种欲望引导人们不知不觉地放弃了诚信。并且，它还能加深人的错觉，让人一如既往地做下去，对现实完全辨认不清，最终导致不良后果。所以，如果我们想获得持久性的成就，就必须确立并坚持诚信这一原则，在生命航船受到诱惑之风袭击时，保持高尚的道德品质，不致偏离航向。

星期五的傍晚，一个贫穷的年轻艺人仍然像往常一样站在地铁站口，专心致志地拉着他的小提琴。琴声优美动听，虽然人们都急急忙忙地赶着回家过周末，还是有很多人情不自禁地放慢了脚步，时不时会有一些人在年轻艺人跟前的礼帽里放一些钱。

第二天黄昏，年轻艺人又像往常一样准时来到地铁站口，把他的礼帽摘下来很优雅地放在地上。和以往不同的是，他从包里拿出一张大纸，然后很认真地铺在地上，四周还用自备的小石块压上。做完这一切以后，他调试好小提琴，又开始了演奏，声音似乎比以前更加动听、悠扬。

不久，年轻艺人的周围站满了人。人们都被铺在地上的那张大纸上的字吸引了，有的人还踮起脚尖看。上面写着："昨天傍晚，有一位叫乔治·桑的先生错将一份很重要的东西放在我的礼帽里，请您速来认领。"

人们看了之后议论纷纷，都想知道是一份什么样的东西，有的人甚至还等在一边想看个究竟。过了半小时左右，一位中年男人急急忙忙跑过来，拨开人群就冲到年轻艺人面前，抓住他的肩膀语无伦次地说："啊！是您呀，您真的来了，我就知道您是个诚实的人，您一定会来的。"

年轻艺人冷静地问："您是乔治·桑先生吗？"

那个人连忙点头。年轻艺人又问："您遗落了什么东西吗？"

那个先生说："奖票，奖票。"

年轻艺人于是从怀里掏出一张奖票，上面醒目地写着乔治·桑。年轻艺人举着奖票问："是这个吗？"

乔治·桑迅速地点点头，抢过奖票吻了一下，然后又抱着年轻艺人在地上疯狂地转了两圈。

原来事情是这样的：乔治·桑是一家公司的小职员，他前些日子买了一张某银行发行的奖票，昨天上午开奖，他中了50万美元的奖金。下班时，他心情很好，觉得年轻艺人弹奏的音乐也特别美妙，于是从钱包里掏出50美元，放在了礼帽里，可是不小心把奖票也扔了进去。年轻艺人是一名艺术学院的学生，本来打算去维也纳进修，已经订好了机票，时间就在今天上午，可是他昨天整理东西时发现了这张价值 50 万美元的奖票，想到失主会来找，于是今天就退掉了机票，又准时来到这里。

后来，有人问年轻艺人：“你当时那么需要一笔学费，为了赚够这笔学费，你不得不每天到地铁站口拉小提琴。那你为什么不把那 50 万美元的奖票留下呢？”

年轻艺人说：“虽然我没钱，但我活得很快乐。假如我没了诚信，我一天也不会快乐。”

康德说过：“这个世界上只有两样东西能引起人内心深处的震动，一个是我们头顶上灿烂的星空，一个是我们心中崇高的道德准则。”如今，我们仰望苍穹，星空依然晴朗，而俯察内心，崇高的道德却需要我们在心中时刻温习和呼唤，就如诚信。诚信是一种力量，它让卑鄙伪劣者退缩，让正直善良者强大。诚信无形，却在潜移默化地塑造无数有形之身，永不褪色。诚信以卓然挺立的风姿和独树一帜的道德高度赢得众人的信任和爱戴。

智慧箴言

诚信作为一种传统美德，是人们交际交往的“信用卡”，也是维系人与人感情的“信誉链”。有了诚信，人与人交往才会充满温情。

▼

坚守诚信，于无形中让你受益一生

美资企业雅利公司准备招聘 4 名中国职员，一名青年成为 10 名复试者中的一员。复试由总经理贝克先生主持。当那名青年走进会客室时，贝克先生从沙发上站了起来。他先是迟疑地说："是你？你是……"转而一脸的惊喜，并紧紧握着那名青年的手，用流利的中文说，"原来是你！我找你找了很长时间！"接着他激动地转过身对在座的几位先生说道："各位，向你们介绍一下，这就是救我女儿的那位年轻人！"

青年感到很惊讶，还没容他说话，贝克先生就把他拉到身旁的沙发上坐了下来，又一个劲儿地说道："我划船的技术太差了，使女儿掉进了昆明湖中，要不是你，就麻烦了。真抱歉，当时我只顾着女儿，没来得及向你道谢。"青年的心狂跳起来，他竭力抑制住自己，抿了抿发干的嘴唇说："很抱歉，我以前从未见过您，更没救过您的女儿。”可贝克先生依然一个劲儿地说：“你忘记了？4月2日，昆明湖公园……肯定是你！”贝克先生说完一脸得意。

青年很沉着，站起来说：“贝克先生，我想您肯定弄错了，我没有救过您的女儿。”

青年说得很坚决，贝克先生一时愣住了，忽然，他笑着，说：“年轻人，我很欣赏你的诚实，我宣布，你通过复试了！”那位青年幸运地成为雅利公司的一名职员。

出于关心，有一次，这位青年问经理的助手：“救贝克先生女儿的年轻人找到没有？”助手一时没反应过来，可很快就朗声大笑起来：“他女儿？有7名复试者就因为他女儿被淘汰了。其实，贝克先生根本没有女儿。”

德国诗人海涅有一句名言：“生命不可能从谎言中开出灿烂的鲜花。”诚实，是做人的基本准则；诚实，是取得他人信任的基础。诚实在商海里，更显得芬芳可贵和魅力独特。

智慧箴言

诚实守信，不仅反映了一个人的思想品质和道德觉悟，反映了一个团体的信用程度，更重要的是它影响到一个人的前途和发展。一个表里不一、言而无信的人，可能蒙混过关乃至得势一时，但绝不会长久，到头来还是让虚伪害了自己。所谓的老实人不吃亏，讲的就是这个道理。

▼

重誉立信，不要透支信用

人们常用“管鲍之交”来形容朋友之间亲密无间、彼此信任的关系。管仲和鲍叔之间深厚的友情，也早已成为中国代代流传的佳话。

管仲（字夷吾）和鲍叔（字叔牙）是好朋友。管仲比较穷，鲍叔比较富有，但是他们之间相互了解、相互信任。管仲和鲍叔早年合伙做生意，管仲出很少的本钱，分红的时候却拿了大部分，鲍叔毫不计较，他知道管仲的家庭负担大。有好几次，管仲帮鲍叔出主意办事，反而把事情办砸了，鲍叔也不生气，他知道只是管仲的运气不好而已。管仲曾经做了几次官，但是每次都被罢免，鲍叔认为不是管仲没有才能，而是因为管仲没有碰到赏识他的人。管仲参军作战，临阵却逃跑了，鲍叔也没有嘲笑管仲怕死，他知道管仲是因为牵挂家里年老的母亲。

后来，管仲和鲍叔都进入政界，一个辅佐公子纠，一个辅佐公子小白。等到公子小白登上王位（即齐桓公），就把公子纠杀死，把管仲囚禁起来。齐桓公想让鲍叔当丞相，帮助他治理国家。鲍叔却认为自己没有能力当丞相。他大力举荐管仲。齐桓公起初不同意，后来终于被鲍叔说服，让管仲当了丞相，而鲍叔却心甘情愿做管仲的助手。在管仲和鲍叔的合力治理下，齐国成为诸侯国中最强大的国家，齐桓公成为诸侯王中的霸主。

管鲍之交在于心意相通，相互信任。

而人与人之间最真的感情就是信任。信任，是人与人感情的交会点和桥梁，但无论是信任或被信任，都是需要勇气的。化解世俗的一切，让彼此的心灵得到慰藉。

珍惜别人的一份信任，生活中便会有更多的动人故事。一份信任将会是一笔很大的财富，是金钱买不来的。

一位先生讲述了这样一件事：

一天早上，妻子打开了小卖部的窗口，刚把公用电话摆到柜台上，就有一位女士用电话。当这位女士放下话筒时，妻子看了一下计时器，告诉她收费 3 元钱。女士从精美的手提包里掏出一张百元面值的钞票递过来，妻子无法找开零钱，因为手里没备这么多要找的钱。小卖部属于微型经营，有时一天也卖不了这么多钱，何况又是刚开业。妻子说：“你什么时候有零钱再送来吧。”女士脸上露出惊讶的神色，问妻子：“你认识我吗？”妻子细看她一眼，说：“我不认识您，可我信任您。”女士不再说什么，转身离去了。十几分钟后，这位女士又出现在小卖部里，把3元钱电话费交给妻子。她说，为了换开这100元钱，她特意去了一趟百米之外的农贸市场，又特意走回来送这3元钱电话费。妻子接过电话费，说："不送也没关系的。"女士说："我是出差到这个小城，早上顺便打个长途，我要是没给电话费就走了，你也无法找到我。可我一定要回来，一个人能被人信任不容易，我要珍惜。"

二战期间的一个故事，不禁让我们再次沉浸在信任的美好中，并深深感动着。

1944年的圣诞夜，两个迷了路的美国大兵拖着一个受了伤的兄弟，在风雪中敲响了德国西南边境亚尔丁森林中的一栋小木屋的门。一个善良的德国女人轻轻地拉开了门上的插销。家的温暖一下子环绕在三个又冷又饿的美国大兵周围。女主人开始有条不紊地准备着圣诞晚餐，没有丝毫的慌乱与不安，没有丝毫的警惕与敌意。因为她相信自己的直觉：他们只是战场上的敌人，而不是生活中的坏人。美国大兵们静静地坐在火炉边烤火，除了燃烧的木柴偶尔发出一两声脆响外，静得几乎可以听见雪花落地的声音。

正在这时候，门又一次被敲响了。站在满心欢喜的女主人面前的，不是来送礼物和祝福的圣诞老人，而是四个同样疲惫不堪的德国士兵。女主人用西方人特有的方式告诉她的同胞，这里有几个特殊的客人。今夜，在这栋弥漫着圣诞气息的小木屋里，要么发生一场屠杀，要么一起享用一顿可口的晚餐。

在女主人的授意下，德国士兵们垂下枪口，依次进入小木屋，并且顺从地把枪放在墙角。

于是，圣诞烛火见证了二战史上奇特的一幕：一名德国士兵慢慢蹲下身去，开始为受伤的美国士兵检查腿上的伤口，然后扭过头去向自己的上司急切地诉说着什么。人性中善良温情的一面决定了他们的感觉是奇妙而美好的，没有人担心对方会把自己变成邀功请赏的俘虏。

第二天，从睡梦中醒来的士兵们在同一张地图上指点着，寻找着回到己方阵地的最佳路线，然后握手告别，沿着相反的方向走去，消失在白茫茫的林海雪原中。

这真是世间最感人的一幕。

信任是连接在人与人之间的纽带，对一个组织而言，它又是团队良好运作的润滑剂，是管理者与成员以及成员与成员之间融洽相处的基础，也是管理者对员工进行的一种管理投资。它既可以说是一个从无到有的开端，又可以说是一个化整为零积累的结果。一次正确的信任，可以在山重水复之后，峰回路转、柳暗花明，而一次错误的信任常常会因一着不慎，导致满盘皆输，带来灾难性的后果。因此，信任又不可太随意，否则就是轻信，就是盲从，就是愚昧。真正的信任应该是源自清醒的认识、细致的观察、冷静的思考和准确的判断。

因此，要想获得公司其他人员，包括你的领导和你的同事对你的信任，你必须忠诚于公司的管理、公司的文化，尊重你的上司与同事，具有强烈的团队合作意识。任何时候，你都必须遵循局部服从整体的原则，即使是不按自己的愿望工作，也必须认真、忠诚地执行，坚决不做有损公司形象或部门成员团结的行为。

在企业中，员工们工作，所追求的不只是金钱，还有认同、信任、赏识。管理者满足员工的这些需要，员工回报的将是一流的产品、一流的销售。因此，一个企业的管理者要学会信任员工。对员工的信任，就是对员工的尊重，可以齐聚人心，同舟共济。假设每个人都极力想要有所表现，那么一个管理者就可以发挥更大的影响力，激励员工齐心协力干好工作。许多管理者在处理复杂易变的事务时，往往会产生不安全感与沮丧感，所以就尝试对别人贴上标签，以利于自己的判断或评估。每个人都有各种面貌与潜能，有的清晰，有的模糊，用不同的方式对待，他们就有不同的反应。

智慧箴言

有的人会让管理者失望或占公司的便宜，有的人会藐视公司的规定或领导者个人……但无论如何，对管理者而言，最重要的是真诚对待和充分信任。因为没有人会拒绝阳光。

▼

用真诚投资，才能收获真情

社会舞台日益变大，随着年龄和经验的增加，一个人的社交圈和人际网络都在不断扩大，每个人都渴望获得真诚的东西，渴求在良好的人际关系中度过每一天的生活，可现实给我们的感觉往往是：人与人的交往掺杂太多的水分，彼此之间的交往不外乎是寒暄、恭维、应酬以及心不在焉的同情和关心，缺乏真情实感的交流。

人与人之间的心理距离是客观存在的，心理学家把人与人之间的心理距离由亲近到疏远分为不同等级，即从心理学角度来说，人与人之间的心理关系可彼此相容，也可相互排斥，还可互不相干。正因为如此，人们在交往中渴盼人际交往的向善发展，并不惜心力地去营造和培育心灵相通的美好人际关系。

在《请别单独用餐》一书中，基思·法拉奇总结出人际交往需遵循的原则。不要总想着怎么实现自己的目的，交朋友的要旨在于真诚和慷慨，为了拉近关系而钻营的做法是种短视的行为，表面热情握手但却内心冷漠，这样的人交不到真正的朋友。要办大事，既要考虑自己的目标，又要让那些对自己重要的人实现他们的目标，合作的基础就是互利共赢。

有时候一些微不足道的细节就能传达出真诚的心灵。在一个轻松的场合，一个女孩向一位先生敬酒。那位先生看她时，只见她双手捧着酒杯，真诚地望着自己。那位先生后来说，不需看她的脸，也不必去推敲她的内心，就凭这双手，就读出了修养、尊重和真诚。那杯酒喝得很惬意，也是迄今为止他认为最值得喝的酒。虽然后来他赴过无数次宴席，和无数人喝过酒，但能留下记忆的只有女孩的那双手。

双手捧着酒杯，仪态大方地款款对你说："我敬你一杯。"谁在乎敬酒用单手还是双手呢？再想想自己敬酒时用单手还是双手。他的记忆中只有她了。那只是一个细节，只是一双手的姿势，但足以表达一种真诚的态度。那双手，它除了取物、握手、攻击，灵魂也在上面。

用心交往，带着真心、诚心、善心、爱心、平常心、宽容心等积极心态与人交往，遵循"以诚待人，快人快己""在人之上视别人为人，在人之下视自己为人"等标准。这些都将有助于营造融洽、宽松的人际交往环境，有助于缩短人与人之间的心理距离。

松下幸之助曾讲过一个他和眼镜商的故事。

每一个生意人都想赚钱，这是天经地义的事。可是，满脑子都是生意经，这只是一般人的想法。

很久以前，松下幸之助曾接到一封从北海道的札幌市寄来的信件，内容大致如下：我是一位眼镜商人，前几天，在杂志上看到了您的照片。因为您所佩戴的眼镜不大适合脸形，希望我能为您服务，替您装配一副好眼镜。

松下幸之助认为这位特地从北海道写信给他的人，必定是位非常热心的商人，于是便寄了一张谢函给他。后来他将这件事情忘得一干二净。由于应邀到札幌市演讲，不久他有机会一游北海道。在他演讲完毕之后，那位寄信给他的眼镜商人立刻要求与他见面。眼镜商的年纪大约 60 岁。当时，眼镜商说：“您的眼镜跟那时候的差不多，请让我替您另配一副吧。”松下幸之助听了着实吃了一惊。他被眼镜商的热诚感动了，于是说：“一切就拜托您了，我会戴上您所装配的眼镜。”

那天晚上，松下幸之助在旅馆的大厅跟四五个人洽谈商务，那位商人再度来找他，并且不断地找话题聊天，大约花了一个钟头，才完成测量脸部的平衡、戴眼镜的舒适感以及检查现在所使用的眼镜度数，并且言明 16 天之后将眼镜送来。临别时，眼镜商对他说："您所戴的眼镜好像是很久以前配的，说不定您现在的视力已经改变了。假若不麻烦的话，请您驾临本店一趟，只要花费 10 分钟的时间就可以了。"因为 10 分钟并不妨碍松下幸之助的行程，于是翌日临上飞机之前，他去了眼镜商的店铺。

当松下幸之助走近眼镜商的店铺时，他吓了一大跳。那间店铺位于札幌市类似银座或是心斋桥的繁华街道上，站在店铺之前，宛如置身于眼镜百货公司。当他被招待进入店内之后，店里大约有 30 位客人正看着大型电视机，耐心地等待着，这里的一切检验装置，都是世界上最精密的产品。这是间不同凡响的眼镜行。尤其让他佩服的，是那些只有在二三十年代才看得见的年轻店员的举止。当时店内大约有 30 位客人，可是，店员们依然动作敏捷、不慌不忙，待人十分周到有礼。那位老板如松鼠般在店内穿梭不停。松下幸之助的内心不禁对他钦佩万分，于是走近他的身边说："您的事业这么繁忙，竟然在看到杂志之后，马上写信给我。我认为您的用意不只是做生意，到底还有什么原因呢？"

老板笑着对他说："因为您经常出国，假若戴着那副眼镜出国，外国人会误以为日本没有好的眼镜行。为了避免日本受到这种低估，所以我才写信给您。"听了这番话后，松下幸之助对眼镜商更为佩服，直觉地认为对方是世界一流的眼镜商。就这么回去，似乎说不过去，于是就将一只新型的手提收音机留下来当礼物。

事后，松下幸之助很感慨。他非常钦佩那位商人的坚定信念，并且感谢他教导自己这招做生意的秘诀。他已被眼镜商那种大公无私的观念和真诚所折服。

追求利益并不是做生意的最终目的。开阔视野，以诚待人，努力工作，这才是做生意的不二法则。

智慧箴言

在人际交往中，真诚地做到知人所想、感人所感，有利于缩短人与人之间的距离，增进相互间的交流。

▼

一谎需要百谎圆

有一则小寓言，讲的道理异常深刻——

甲、乙两人死后来到阴曹地府，阎王查看完功过簿后说：

“你二人前世未做大恶，准许投胎为人。但是现在只有两种人可供选择：付出的人与索取的人。也就是说，一个必须过付出、给予的人生，另一个则必须过索取、接受的人生。”

然后要他俩慎重选择。

甲暗想，索取、接受就是坐享其成，太舒服了，于是他抢先道：

“我要过索取、接受的人生！”

乙见此情景，也没有别的选择，就表示甘愿过付出、给予的人生。

阎王听其所愿，当下判定二人来世前途：

“甲过索取、接受的人生，下辈子当乞丐，整天向人索取，接受别人的施舍。乙过付出、给予的人生，来世做富翁，布施行善，帮助别人。”

我们可以从中学到什么呢？无论做人还是做事，用诚恳和踏实的态度才可以真正获得圆满。想投机取巧，只能获得失败的人生。

从实际出发，脚踏实地，才能走下去，才能捕到“大鱼”。

有个渔夫整日打鱼，以此为生。有一天，他运气不佳，忙活了一整天，只网到了一条小鱼，而且小鱼还劝他另做决定：“渔夫，你放了我吧，看我这么小，也不值钱，你要是把我放回海里，等我长成一条大鱼，到那时你再来捉我，不是更划算吗？”渔夫说：“小鱼，你讲得挺有道理，但是我如果用眼前的实利去换取将来不确切的所谓‘大利’，那我恐怕就太愚蠢了。”

故事中的渔夫很聪明，要知道大海可不是渔夫自家的池塘，想要什么就捞什么，只有脚踏实地，方可站得更牢。

真诚、踏实，这是中华民族的传统美德。做人的艺术千变万化，根本之道就在有方有圆，坚持原则，用一颗诚实的心去对待人与事，因为诚实是立身之本。

我们不止一次地听人讲过诚实的益处。有些人讲，他们曾经因为不诚实而得到教训，也曾因为诚实而受到奖励。对于那些讲究商业道德的人来说，诚实是第一要义，是方圆做人的第一条原则。

有这样一个故事：

香港金利来公司曾经和一家报社联合举行一次活动。奖品是金利来领带。

活动结束后，负责发放礼品的一位姓罗的女记者把剩下的三条领带交还给了金利来公司。这件小事让金利来公司的总裁曾宪梓感动不已。几年后，金利来公司全面进入内地市场，组建一个分公司。在招聘经理时，曾先生最先想到了那位记者……

“真理、正直、公平和高贵是永远分不开的。”一个美国著名的政治家给他的儿子写信说：“谎言来自卑鄙、虚荣、懦弱和道德的败坏。谎言最终会被揭穿，说谎者令人鄙视。没有正直、公平和高尚，就没有人能够取得真正的成功，能赢得他人的尊敬。说谎的人迟早都会被发现，甚至比他自己想象的还要快。你真正的品格一定会为人所知晓，一定会受到公正的评价。”

有个人讲了一个有趣的故事：

一个人在火车上坐下后，把自己的行李放在旁边的座位上。后来，车上的人越来越多，车厢越来越拥挤。这时，有一位先生问他旁边的座位是否有人，他说：“有人，那人刚刚去了吸烟车厢，他一会儿就回来。你看，这些东西就是他的。”但这位先生怀疑他所说的话，就说：“好吧，我坐在这儿等他来。”这位先生把座位上的行李拿下来，放在了地板上和行李架上。这个人怒目而视，想说什么也说不出来。因为那位在吸烟车厢的人是他编造出来的。不久，这个人到站了，他开始收拾自己的东西。但那位先生说：“对不起，你说过这些行李是一个在吸烟车厢的人的。我有义务保护这些行李不被你拿走，因为你说这些行李不是你的。”这个人发怒了，他开始骂人，却不敢去碰那些行李。乘务员被叫来了，他听了这两个人的话后说：“那好吧！我来掌管这些行李，我会把它放到这一站，如果没有人认领，那就是你的。”乘务员对着那个为了占座位而否认自己行李的人说。在乘客们的哄笑声和鼓掌声中，这个人没带行李就灰溜溜地下了车。他刚下车，火车就开动了。第二天，他拿到了自己的行李。为了霸占一个不属于他的座位，他撒了谎，为此他受到了惩罚。

一个人讲了一个谎言，就不得不接着讲更多的谎言。在他悔悟以前，情况会变得很糟糕。然而，这并不是全部的恶果。一个人如果讲过一个小小的谎言，就会在他的性格中留下一个斑点，就像水果刚刚开始变质时的小斑点。很快，他的为人处世的方式都会失去踏实和诚实。只有坚持了做人要“方”的原则——诚实，你才会真正为圆满做事打好根基。

在南北战争中，当罗伯特·李将军和一个军官讨论进军方向时，一个农民的儿子不经意间听到了他们的对话。原来南方的军队要向葛底斯堡进军，而不是向哈里斯堡进军。这个孩子通过电报把这个消息告诉了联邦军队的总督阿廷。总督说：“如果我能知道这个男孩说的是真话还是假话，我愿意拿我的右手来交换。”一个下士说：“总督，我认识这个男孩，他不可能撒谎，他是个正直的人。”15 分钟后，联邦军队行进到了葛底斯堡，获得了大捷。

对一个人来说，最重要的就是要有高贵的品格和认真的态度，渴望做到真诚。

智慧箴言

“泥人经不起雨打，谎言经不起调查。”任何谎言都不会持久，终有被识破的一天。

第三章

含而不露，勿让你的锋芒刺伤别人

▼

藏锋露拙，不做别人的眼中刺

有个成语叫“锋芒毕露”，锋芒本来是指刀剑的尖端，人们时常用它来比喻一个人出众的才干。古人认为，一个人如果无锋无芒，那就是扶不起来的阿斗，任何时候都不会取得成功。所以有锋芒是对一个人才干的肯定，是一个人事业成功的基础，在适当的场合显露一下不仅有必要，也是应该的。然而，锋芒是可以刺伤别人的，当然也会刺伤自己，运用起来还得多加小心。“中庸”思想要求为人处世无过无不及，要懂得“物极必反”的道理。如果过分显露自己的才华，就很容易导致失败。

《庄子》里面有这样一则寓言：吴王乘船渡过长江，登上一座猴子山。猴子们看见国王率领大队人马上山来了，都惊叫着逃进树林里，躲藏在树丛茂密的地方。而有一只猴子却十分从容自得，抓耳摸脑，在吴王面前上蹿下跳，故意卖弄技巧。吴王很讨厌这只猴子的轻浮，便张弓搭箭，向它射去。这只猴子存心要显露本事，因此当吴王的箭射来时，它就敏捷地跃起身，一把抓住飞箭。吴王这下可火了，转过身示意随从们一齐放箭，箭如雨下，不可躲闪，那只猴子终于被射死了。

可以说，正是猴子不懂得藏锋露拙才惹上了杀身之祸。这里所说的“藏锋露拙”，并非是要人埋没自己的才能，而是要人懂得保护自己，不招来祸端，从而更好地发挥自己的才能和专长。在社会交往中，要使别人知道你，先要引起别人的注意；而想引起别人的注意，单单从言语行动方面努力的话，就不免会暴露锋芒。你只要稍微注意一下，就会发现我们周围一些有人缘的人往往看起来都是毫无棱角，好像是庸才，其实他们之中，有的才能要远远高过你。他们个个都很“讷言”，其实不乏能言善辩者；他们好像胸无大志，其实不乏雄才大略、不愿久居人下者。他们都不肯在言语行为上表现出才华，这是什么道理呢？

因为他们有所顾忌，言语锋芒太露便会得罪别人，得罪别人就会给自己招致阻力，不利于成功；行动锋芒太露便会惹人妒忌，别人妒忌也会对自己的成功造成阻碍。如果你的四周都是阻力，都是破坏者，试想你又怎能顺利走向成功呢？

战国末期，韩非与吴起、商鞅的政治思想一致，著书立说，主张社会变革。他的著作流传到秦国，秦王嬴政看到，极为赞赏，就设法邀请韩非到秦国。但才高招忌，到了秦国以后，还没有得到秦王的重用，韩非就被李斯等人诬陷，屈死在狱中。宏图未展身先死，纵使满腹经纶又有何用呢？如果当时韩非不是招摇显露才华，而是谦卑抱朴，等待时机，或者婉转上奏，或者另投明主，使自己的政治抱负得以施展，相信他不仅仅是一个思想家，同时又会成为一代名臣，而不是一个悲剧人物了。

还有一个这样的故事：某人年轻的时候，在学校读书，可谓是天不怕，地不怕，以为别人都不及他。刚刚踏入社会还是那样锋芒毕露，结果得罪了许多人。但是幸好觉悟得快，一经别人的提醒，便连忙负荆请罪，倒也消除了不少嫌怨，但是无心之过还是难免的，终究在事业上遭到了别人的排挤和打击。

智慧箴言

《易经》说：“君子藏器于身，待时而动。”这里的“器”即是一个人拥有的各种才能，当然，一个人没有才能是不足为道的，但是有才能一定要在特定的时候表现出来，这样才不会伤人伤己，否则很有可能成为众矢之的。

▼
个性并非越张扬越好

个性体现着一个人的精神风貌。人有个性，才有魅力。个性表现得越充分，个人的魅力就越大。但是，不恰当地张扬个性，对人有害而无益。

三国时的才子祢衡，年少才高、目空一切，20 多岁时便跻身在名士权贵之中。但是祢衡很瞧不起这些人，把他们视为酒囊饭袋、行尸走肉。在祢衡眼中，举世无才。汉献帝初年，孔融上书荐举祢衡，大将军曹操欲召见他。祢衡不知天高地厚，出言不逊。曹操心中不快，最后给他封了个击鼓小吏，以此羞辱他。祢衡因此记恨曹操。一次，曹操大会宾客，让祢衡穿鼓吏衣帽击鼓助乐，祢衡竟当众裸身击鼓，以羞辱曹操，扫他们的兴。曹操对之深以为恨，但碍于祢衡的才华，没有痛下杀手。

他把祢衡送给荆州牧刘表。不久，祢衡又因倨傲无礼而得罪了刘表。刘表聪明，不杀祢衡，把他打发到江夏太守黄祖那里去。祢衡在黄祖那里，仍是率性如前。一次，祢衡竟当众顶撞黄祖。黄祖气极，一怒之下把他杀了。祢衡死时只有26岁。

还有才子杨修。杨修是曹操府内的主簿，反应灵敏，才华过人，辅佐曹操的时候，常常曹操的话刚说出口，他就知道该怎样应对。遗憾的是，就因为他太聪明了，以致断送了自己的性命。

曹操建造花园时，工匠们动工前请曹操审阅花园工程的设计图纸，曹操看了什么也没说，只在园门上写了一个“活”字。工匠们不解其意，忙去问杨修。杨修说：“丞相嫌园门设计得太大了。”工匠们按杨修的提示修改了方案。曹操见了改造后的园门，心里非常高兴，问工匠们如何知道自己心意的，工匠们说多亏了杨主簿的指点。曹操口中虽然称赞杨修，但心里却嫉恨杨修的才华。

曹操争夺汉中时，连吃败仗。欲进兵，怕马超拒守；欲收兵，又恐蜀兵耻笑，心中犹豫不决。适逢庖官进鸡汤，曹操见碗中鸡肋，沉思不语。这时有人入帐，禀请夜间口令，曹操随口答：“鸡肋！”杨修见令传鸡肋，便让随行军士收拾行装，准备归程。将士们问何以得知魏王要回师，杨修说：“从今夜口令，便知魏王退兵之心已决。鸡肋，食之无味，弃之可惜。今进不能胜，退恐人笑，在此无益，不如早归。魏王班师就在这几日，故早准备行装，以免临行慌乱。”曹操早就嫉恨杨修才高于己，今见他又猜透了自己的心事，便大怒，以扰乱军心定罪，杀了杨修。

综合来看，无论是祢衡的杀身之祸，还是杨修的惨死，一个不得不提的重要原因就是他们恃才傲物、过于张狂。人有才华，本是天赐良物，正好周济人生。祢衡和杨修却恰恰相反，他们恃才傲物，一味地张扬个性和才华，不懂得收敛个性、韬光养晦，结果自然得罪权贵，遭人嫉恨，不得善终。可以说，他们的悲剧也是咎由自取。

由此可见，个性并非越张扬越好，凡事收敛一些、克制一些、低调一些，才是强者行走社会的一大法门。

智慧箴言

有句话说得好：“气忌盛，心忌满，才忌露。”为人处世时切忌盛气凌人、自满自足、才华外露。如果太过张扬的话，很容易给自己招灾引祸。

藏匿锋芒并不是让你做缩头乌龟

把锋芒藏匿起来，至少在纷纷攘攘的环境中我们是安全的。那么，我们要做缩头乌龟吗？当然不。

小李历尽千辛万苦终于在喜欢的单位谋得了相应的职位。起初，他小心翼翼，既要举止从容，又要谨慎认真，平时把自身的优势和劣势小心包裹，在人前只适当表达自己的观点。可是他清醒地知道，单纯的“隐藏”并不是发展的长远之计，真正的智者要懂得“暗度陈仓”。在以后的工作中，他时刻留心向经验丰富的同事学习，还在工作之余补充相关领域的知识，现在的他做得越来越出色。

真正的智者，不能一味地装傻，要有韬光养晦的策略和本事。韬光就是隐藏自己的光芒，养晦是处在一个相对不显眼的位置。韬光养晦和低调的意思基本相同，这是一种优秀的策略。

1356年，朱元璋在采石矶大破元朝的水军，胜利进入集庆。他将集庆改名应天府，从此之后有了一块比较稳定的有发展前途的根据地。与此同时，占据浙江、四川、湖广的张士诚、陈友谅、明玉珍等已纷纷称王称帝，霸占一方。此时的朱元璋感到自己力量还不够强大，所以尽管群雄先后称帝，朱元璋只是默默地壮大自己的力量。在太平，仅设立太平兴国翼元帅府；在金陵，仅仅称吴国公而已。他非常清楚粮食等物资对支持他的政权与军事活动的重要性。每到一地，他都要鼓励当地农民种田养蚕。他安排军队耕种粮食，任命专管官员，负责修筑堤防，兴修水利，保证军粮的供应。在徽州，朱元璋采纳了朱升的建议，即“高筑墙，广积粮，缓称王”，并坚决加以执行。在群雄争霸的时候，他却韬光养晦，保全了实力，使得队伍逐步发展壮大，最终完成了统一大业。

无独有偶，西晋的建立也是司马懿装疯卖傻、遮蔽锋芒、韬光养晦的成果。

公元239年，曹爽专权，架空了司马懿的兵权。司马懿虽然很不满，却也无能为力。为了免遭曹爽的再度加害，同时也为了隐蔽自己、以待时机，司马懿告病居家，不问朝政。一日，曹爽派心腹李胜去探视司马懿，探查虚实。司马懿自然知道曹爽的用意。当李胜来到司马懿家，只见司马懿躺在床上，两个仆人正在喂他喝粥，米粥洒满了前胸。李胜与他说话时，司马懿故意做出气喘吁吁的样子，装作听也听不明、说也说不清的样子。李胜回去后，把这一切都报告给曹爽，并说："司马公不过是尚有余气的尸体而已，形神已离，大人不必再对他有所顾虑了。"曹爽听到司马懿将不久于人世的消息，心中无比高兴，放心之余在朝中更加肆无忌惮了。而司马懿则紧锣密鼓地秘密组织力量，准备兵变。公元 249 年正月，魏少帝曹芳拜谒高平陵，曹爽兄弟及其亲信皆随同前往，司马懿乘机发动了兵变，废免了曹爽兄弟，不久将其全部处死。

细心的人会注意到，以上历史故事都有"麻痹"对方的意思。事实上，韬光养晦之术的效果之一就是让对方麻痹大意。如果对方是一个没有安全感的人，你就向他表示最大的忠诚和善意，表示自己淡泊名利的态度；如果对方是一个重权势名利的人，你可以向他表达最大的敬畏与尊崇。渐渐地，当他们已经习惯了你的"温柔"存在时，你就是一个成功掌握了韬光养晦艺术的人。

或许借用这个策略最成功的还要属明成祖朱棣。朱棣的野心很大，当他还是藩王的时候，他知道如果自己想得到天下，就必须使用特殊策略骗过自己的侄子和他的眼线。于是，精明的朱棣上演了诸多表面癫傻实则聪明无比的历史画面。建文帝即位后，一口气削夺了 5 个藩王。燕王朱棣尚未被削，但他的周围布满了皇帝的眼线，形势岌岌可危。朱棣没有坐以待毙，私下里培养了一批死士，还在燕王府里打造兵器，这些进行得十分隐秘。他在王宫后苑修建了很大的地下室，圈以高大的围墙，围墙下埋着缸瓮，以防止声音传到外面。同时养了许多鸭鹅，用鸭鹅的叫声掩饰打造兵器和操练的声音，但还是被建文帝听到了一些风声。由于当时还没有准备充分，朱棣决定亲自去南京，借以缓和气氛，争取时间。此行虽然危险，但朱棣相信自己会回来，而且还会使仁弱的建文帝相信自己没有谋反之心，又可以探听朝廷的虚实。果然，朱棣来到了南京，几天后又被放归北平。他的自投罗网收到了奇效，也展现了一位雄才伟略的政治家的成熟和胆识。5 个月后，一切准备妥当的朱棣毅然以 800 名骑兵举事。

无论弱势群体，还是强势群体，韬光养晦都是有必要的。人类社会的发展一直都处在一种竞争状态，为了维系生存，每一个人都有自己独特的生存本领。在自然界中，当相对弱小的动物受到强大对手的攻击时，往往会以假死来蒙骗敌人、保护自己。

智慧箴言

韬光养晦实际上也是一种类似假死的行为，人类社会和动物界一样处在竞争状态，由于人比动物更聪明，这种竞争也更加复杂和残酷！

▼

别太把自己当回事了，否则迟早会栽跟头

对自己估计得越高，失败的可能性就越大，而实事求是地评价自己，做事情就容易成功，而且还会让自己很坦然、很踏实，当然也就很快乐。

一个人做事固然要自信，但自信并不是狂妄和自高自大。如果将自己估计得太高，对结果的期望值太高，迟早会栽跟头的。

有一则寓言：

一只雄鹰同妻子来到密林深处，它们准备在这里定居下来，于是挑选了一棵又高又大的橡树，在最高的一根树枝上开始筑巢，准备夏天在这儿孵养后代。

天天在树下面打洞的鼹鼠很清楚这棵橡树的根几乎烂光了。

于是它就劝老鹰："这棵树随时都有倒掉的危险。你们最好不要在这儿筑巢。"

雄鹰听了，心想："嘿，这真是怪事！能搏击长空的老鹰还需要你这见不得天日的鼹鼠来提醒吗？你的目光有老鹰的眼睛锐利吗？"老鹰根本不听鼹鼠的劝告，立刻动手筑巢、搬家，后来又增加了一窝可爱的小家伙。

有一天，外出打猎的雄鹰带着丰盛的早餐飞回家来。然而，那棵橡树已经倒掉，雄鹰的妻儿全部摔死了。看见这家破人亡的情景，骄傲的雄鹰悲痛不已，它后悔地哭道："我太自以为是了，将自己看得太高，是自己害了自己啊！"

前面说了，人要相信自己是最棒的，但自信的同时也要有自知之明，要准确、客观、冷静地认识自己。自信与自知，好比是战略与战术的关系，从人生的发展上说，要相信自己一定能成功，但在做某项具体事情时，要小心谨慎，不要把自己估计得过高了。

把自己估计得过高，那就是盲目自负了，离惨败也就不远了。松下公司在招聘人才时，要求应聘者据实给自己打分，奇怪的是，公司一般不录用那些给自己打 70 分以上的人。他们认为这种高估自己的人有很多弱点：或者眼高手低，或者自以为是，或者虚荣心强，或者不服管教，或者跳槽率高等。

古希腊德尔菲神庙唯一的碑铭上的箴言就是——认识你自

己。但是能够正确认识自己十分难得，因为对自己估计过高是人的一个通病，每个人都有刻意彰显自我的毛病。

能力有大有小，能力差点儿并不可耻，别林斯基就说过："拿不到元帅杖，就拿铁铲吧。"当不了元帅的士兵照样可以成为好士兵。可怕的是将自己看得太高不肯低就，做人做事目空一切。有的人发表了一篇作品、得了一次荣誉、上了几次电视，就沾沾自喜、盛气凌人、摆架子、耍威风，真的忘记自己是谁了。

一位哲学家说得好：人飞不过鸟，游不过鱼，跑不赢豹，打不过熊……有什么值得骄傲的呢？

一位学生问老师自己何时可以取得学位。老师说："当你觉得自己无所不知时，可以得到学士学位；当你认为自己有所不知时，能够获得硕士学位；当你感到自己一无所知时，你会被授予博士学位。"

智慧箴言

人只有准确地认识自己，才能正确认识世界。

▼

放低自己，才能更好地看清这个世界

许多人在穷乏的时候，不得不过简朴的生活，而一旦发达，就会挥金如土。李嘉诚则与此完全相反，一直保持着当年创业时期艰苦朴素的生活作风。

李嘉诚说："就我个人来讲，衣食住行都非常简朴、简单，跟三四十年前一样，没有什么区别。"

李嘉诚住的房子，仍是1962年结婚前购置的深水湾独立洋房。它的外观并不气派，内部也不算豪华，看不到海景。从20世纪80年代中期，住在山顶区的部分英国人陆续撤离，腾出的花园洋房，大都为华人富豪买去。都说香港顶级富豪该住进顶级的豪宅区，李嘉诚对此却表现冷淡。

李嘉诚的衣着是有目共睹的，他常穿黑色西服，不算名牌，也比较旧。

李嘉诚说："衣服和鞋子是什么牌子，我都不怎么讲究。一套西装穿十年八年是很平常的事。我的皮鞋十双有五双是旧的。皮鞋坏了，扔掉太可惜，补好了照样可以穿。我手上戴的手表，也是普通的，已经用了好多年。"

手表成为李嘉诚节俭的象征，凡是涉及李嘉诚个人生活的文章，没有不谈手表的。据介绍，李嘉诚早年戴的是极一般的日本精工表，后来电子表流行，他改戴西铁城电子表。

李嘉诚从不说手上的表有损其高贵身份，他反而引以为豪，常常把手表展示给外国记者看。

一位外国记者曾评论说："李嘉诚看上去不像一位难对付的老板，而像一位和蔼可亲的中学校长。他经常身穿黑色西服、白色衬衣，佩戴素色领带。有一次，他指着手上戴的西铁城电子表对来访的客人说：'你戴的表要贵重得多，我这个是便宜货，不到50美元。它是我工作上用的表，并非因为我买不起一只更值钱的表。'"

在公司，李嘉诚与职员一样吃工作餐。他去巡察工地，工人吃的大众泡沫盒饭，他照样吃得津津有味。公司来了客人，他并不带他们去高级酒楼，而是在公司食堂吃。比平时多几样冷盘炒菜，分量不多，但能吃饱，又不至于浪费。正如他自己常说的一样：我这个人对生活没什么高要求。

他有一辆劳斯莱斯，市值数百万港元。他曾对《经济日报》记者讲：“我自己绝不会坐，只有陪客时才劳驾它代步。”他的意思是，坐太名贵豪华的车，恐会使自己贪恋奢侈，忘记勤俭。

在香港商界，潮籍人以节俭、勤奋、精明而著称，也有人说潮州人孤寒（吝啬、小气）。1995 年 12 月 1 日，国际潮团联谊会在港开幕，仪式完毕后，李嘉诚立即被记者包围住，有记者提到潮州人孤寒与否的问题。

李嘉诚说：“潮州人只是刻苦，而非孤寒。”他强调：“我绝对不孤寒，尤其对公司、社会贡献方面和‘作为中国人应做的事’上，绝不会吝惜金钱。”

我们已经看到，李嘉诚不但不孤寒，而且是世上少有的大慈善家，一个悭已不悭人的大慈善家。他曾经做过多次善行义举，而自己过的却是一种极为俭朴的生活。这一点令人感慨万千，钦佩之至！

智慧箴言

做人就是要大智若愚。老子有句名言：“大智若愚，大巧若拙。”做人要低调，不要锋芒毕露，太显示和太耀武扬威，对自己是没有太多好处的。

074

▼

“喜怒形于色”可不是什么好事

不管你心里有多大的波涛在起伏，你都不要表现出来，要藏在心里。这样做的原因有两个：其一，你心里的事是你自己的，让别人来一同承受是不公平的；其二，你都表现出来，人家会觉得你这个人太浅薄，没有“心机”，什么事都藏不住。

在生活中，喜怒不形于色的人是能够成大事的。

此种人并非是卑躬屈膝，装出笑脸，更不是为了奉承上司，强露笑齿，而是始终保持自然的神态，喜怒不形于色。没有一定的知识和阅历的人，尤其是刚工作不久的人，是很难做到这一点的。但只要你想做，并不是不可能做到。你每天起床后，或睡觉之前，对自己说一声：“我绝不表现出不耐烦的神色。”以此警惕自己。或者是在日记上仔细写出来，要每天持续不断地做。

自古以来，凡是成功者很少有因外界的事物而亦喜亦忧的。当然，人有时会高兴，有时不免忧愁，但千万不要被情绪所左右。有高兴的事，表现在脸上无妨，但悲哀的事就不要表现出来了。因为将一切都表现在表面上，更会促使情绪激烈化，以致不能忍受悲哀。如果把愤恨表现在脸上，恨也会加倍。因此，成功立业之人，对这方面都尽量不形于色。

当你有不愉快的事没表露出来而被上司看到，并因你不形于色感到奇怪，你应该高兴。因为上司会觉得：这个人遇到这种情况仍脸色不变，是个冷静的、可成大事的人。

当你被大家认定是不会随便改变脸色的人，你的上司可能早已在心里对你敬畏三分。无论上司如何骂你、嘲讽你、疏远你，你都能默默忍受，连眉头都不皱一下，这种修养需要有足够的自信才可做到。

当你失意或得意时，都能泰然自若，不表现出不悦之色或骄矜之色，旁人看来，会觉得你很了不起。

与上司交涉时，要堂堂正正地由正面接触，谈论的道理要有证据，如此上司便不敢不重视你。且于争辩时，你必须说一声："我不敢跟你强争，否则会伤感情，但请你多多考虑。"

如此一来，上司会觉得你替他保留了一点儿面子，抗拒心就会减少。如果你逼他太甚，一定会激起他的怒火，他势必不肯认输，而跟你争辩到底，一场争论就免不了了。

所以，我们要为对方留下一条退路。当你的上司向你表示折服，你一定要表示出你的诚意：

“因为我有我的立场，所以不得不向你提出这些违背你意愿的议案。事实上，我并不是要反驳，只是为了整体的利益才这样做，这点请多多包涵……幸亏能得到您的谅解，让我松了一口气，今后还请多多指教……”这样以低姿态来跟他说出你的观点。

正面地争论和充满诚意，这两者都具备的话，则上司必然无法战胜你，而且会说：“这个人的头脑真好，这人真不错，看样子我原来误解了他。”

智慧箴言

不管是沉默还是有必要的争论，都必须就事论事，不带感情色彩，这样才会达到应有的效果。

第四章

屈伸有度，才是人生的真实写照

▼

能屈能伸方可成大事

荀子说："真正的君子推崇他人的德行，赞扬他人的美德，这并非是阿谀奉承；正直地议论和指出他人的过错，这并非是出于毁谤和挑剔；客观地表现自己的优点，可以与舜、禹相比，可以与天地相参合，这并非是虚夸狂妄。"

真正的君子能够随时势屈伸，柔顺如同蒲席，可卷可张，这并非是出于胆小怕事；刚强勇敢，从来不会屈服于别人，这并非是出于骄傲和暴戾。所以真正的君子知道什么时候应该"屈"，什么时候应该"伸"。

屈，无疑是一种保全自身的智慧。伸，当然也是一种光大自己的智慧。屈于当屈之时，伸于当伸之机，这才是真正的君子应该做到的。现实生活中，只有把握其中的分寸，才能不失软弱又不失狂傲。

我们常常会在电影或小说中看到这样的情节。两个男孩同时喜欢上一个女孩，而她与两个男孩都非常要好，甚至是青梅竹马，而两个男孩之间也情同手足，朝夕相处，共进共退。在这种情况下，姑娘更喜欢甲，可是甲碍于兄弟的情面，从来不敢向姑娘表达自己的爱意，当他知道乙也喜欢姑娘时，一种兄弟之间的情谊和男女之间的情谊不断地在他的脑海里冲突，也不断地在折磨他。最后，故事的发展常常是甲“忍”住了自己对姑娘的感情，毅然决然地把姑娘“让”给兄弟乙，自己或是不辞而别，或是断然拒绝姑娘的爱意。

我们或许都会为这样的故事而感叹。的确，甲的做法虽然对于他的兄弟乙来说是一种忍让，是一种成全别人的“屈”，但反过来说，甲不仅不尊重自己，也不尊重女方。这就不是一种高尚，它只是一种虚伪。“生命诚可贵，爱情价更高”，如果从这个方面来说，男女之间的爱情是重要的，为了追求自己的幸福，爱情是不可退让的。若是没有分寸地“屈让”，或是因为外界的因素而改变自己的追求，那岂不是令自己抱憾终生！

日常生活中，人们常说“大丈夫能屈能伸”，也就是说应当把握“屈”与“伸”之间的分寸，做到“与时屈伸”。朱熹编撰的《河南程氏遗书》中有这样一个形象的比喻：当天气刚冷的时候穿上薄皮衣就可以称为“中”，而到了三九天极冷的时候，再穿刚冷时穿的薄皮衣就不符合“中”了。过度“屈让”只会让自己受气，也会让人觉得你软弱可欺，这是绝对不可以的。在某大学的一个班级里面，有一位同学比较胆小怕事，遇到什么事都过分忍让，虽然班级里的其他同学对他并无恶意，但在他们的头脑中自然而然地形成了就应该“牺牲”他的利益的思想。由于他过分软弱和极度忍耐，这种情况一直持续了很久。有一天，他终于忍无可忍了，原来一场十分精彩的演出又没有他的票，他脸色铁青，激动的声音令在场的人都震撼了。爆发过后，他拿走了属于他的票，摔门而去。同学们在惊讶之余，似乎也领悟到了什么。在以后的日子里，大家对他的态度不再像从前那样了，也没有人敢未经他的同意而随便拿他的东西了。

智慧箴言

把握“屈伸”的分寸，不能过分忍让，也不能过于张扬，一切都应当适中。“与时屈伸”，才可以避免受人欺辱或遭人嫉恨。

▼

不懂得忍耐，你的人生就会被毁掉

学会低头，也就学会了审时度势。把握全局，以小忍图大谋；学会低头，就能顺利通过生活中意想不到的矮“门框”而免受无谓的伤害。

忍耐和坚持是痛苦的，但却会带来无尽的好处。

忍耐是一种修养。我们常常说用人要坚持德才兼备的条件。所谓德才兼备，其中就包括忍耐。有人说，有才必须忍耐，忍耐才能有德，一语道破天机！纵观历史，凡有作为的成功者都能够严加修养，学会忍耐。

梵·高在成为画家之前，曾到一个矿区当牧师。有一次，他和工人一起下井，在升降机中，他陷入巨大的恐惧中。颤巍巍的铁索轧轧作响，箱板在左右摇晃，所有的人都默不作声，任凭这机器把他们运进一个深不见底的黑洞——这是一种进地狱的感觉。事后，梵·高问一个神态自若的老工人："你们是不是习惯了，不再感到恐惧了？"这位坐了几十年升降机的老工人答道："不，我们永远不习惯，永远感到害怕，只不过我们学会了克制。"

有些生活，你永远也不会习惯，但只要你活着，这样的日子你还得一天一天过下去，所以你就得学会克制，学会忍耐。你不习惯黑夜，但黑夜每天适时而来，你忍耐着，天就亮了；你不习惯寒冷的冬季，但冬天的脚步渐渐逼近，你忍耐着，那春天还会远吗？面对日子，把最坏的都挨过去，剩下的都是好的了。

有一位年轻人，毕业后被分配到一个海上油田钻井队工作。在海上工作的第一天，领班要求他在限定的时间内登上几十米高的钻井架，把一个包装好的漂亮盒子拿给在井架顶层的主管。年轻人抱着盒子，快步登上狭窄的、通往井架顶层的梯子；当他气喘吁吁、满头大汗地登上顶层，把盒子交给主管时，主管只在盒子上面签下自己的名字，又让他送回去。于是，他又快步爬下梯子，把盒子交给领班，而领班也同样在盒子上面签下自己的名字，让他再次送给主管。

年轻人看了看领班，犹豫了片刻，又转身登上梯子。当他第二次登上井架的顶层时，已经浑身是汗，两条腿抖得厉害。

主管和上次一样，只是在盒子上签下名字，又让他把盒子送下去。年轻人擦了擦脸上的汗水，转身爬下梯子，把盒子送下来，可是，领班还是在签完字以后让他再送上去。

年轻人很愤怒，但他尽力忍着不发作，擦了擦满脸的汗水，抬头看着那已经爬上爬下了数次的梯子，抱起盒子，步履艰难地往上爬。当他上到顶层时，浑身上下都被汗水浸透了，汗水顺着脸颊往下淌。他第三次把盒子递给主管，主管看着他，慢条斯理地说："把盒子打开。"

年轻人撕开盒子外面的包装纸，打开盒子。里面是两个玻璃罐：一罐是咖啡，另一罐是咖啡伴侣。年轻人终于无法克制心头的怒火，把愤怒的目光射向主管。主管又对他说："把咖啡冲上。"此时，年轻人再也忍不住了，"啪"的一声把盒子扔在地上，说："我不干了。"说完，他看看扔在地上的盒子，感到心里痛快了许多，刚才的愤怒发泄了出来。

这时，主管站起身来，直视他说："你可以走了。不过，看在你上来三次的分儿上，我可以告诉你，刚才让你做的这些叫作'承受极限训练'。因为我们在海上作业，随时会遇到危险，这就要求队员们有极强的承受力，承受各种危险的考验。只有这样，才能成功地完成海上作业任务。很可惜，前面三次你都通过了，只差这最后一步，你没有喝到你冲的甜咖啡，现在你可以走了。"

我们都不会否认坚持对于我们成功的重要性，可我们却常常在现实的坚持过程中对所遇的挑战宣布我们的力不从心，宣布我们的无法承受，从而也放弃了属于自己的那份成功。其实要坚持下去，很多情况下，我们首先要对自己坚持的事物、对自己的选择充满信心，并在挑战的过程中学会忍耐，忍耐挑战过程中的“无法承受”，享受挑战过程中的“无法承受”。

教育家陶铸说得好：心底无私天地宽。只有心地纯正的人，胸怀才能宽广，性情才能开朗：当发生矛盾时，会严于律己，宽以待人，有忍让之心，不斤斤计较；当受到委屈时，能忍辱负重，不反唇相讥、以眼还眼、以牙还牙。

在有些人的眼中，忍耐常常被视为软弱可欺。而实质上，忍耐是一种修养，是在经历了暴风骤雨的洗礼后自然所生的一种涵养。忍耐能够磨炼人的意志，使人处世沉稳。忍耐可以使人以坚强的心志和从容的心态面对人生。假如失去忍耐，就会造成可悲的结局。

忍耐是一种理智，是一种美德，是一种成熟。忍耐是一种追求策略，一个追求更大成功的人，往往在关键时刻不得不忍气吞声。

越王勾践战败后，作为下人亲自去服侍吴王夫差，受尽了侮辱和痛苦。后来被吴王放回越国后，卧薪尝胆，忍辱负重，苦心发展越国经济和军事，终于一举灭掉吴国，一雪前耻。

坚忍是构成性格的最重要的基石之一。一个坚忍的人，会永远含着微笑，从容迎接人生旅程上的风吹雨打。要知道，每个人都是哭着来到这个世界的，或许这正意味着人的一生肯定有许多坎坷。面对一生中数不清的困难及痛苦，你能做到坚韧不拔吗？

人生在世，要摆脱困境，就难免有求于人，求人就难免要低三下四。但着眼于未来的成功，即使暂时委屈自己，也应在所不惜。放下架子，能屈能伸，屈中见伸，方为英雄！英国哲学家罗素说过："希望是坚韧的拐杖，忍耐是旅行袋，携带它们，人可以登上永恒之旅。"

火山爆发的场面固然磅礴震撼，但没有平时的默默积累，哪来岩浆喷薄而出的壮观？

你现在要做的，就是学习岩浆，学会忍耐，努力把自已烧得更热，总有一天，你必将破岩而出，一飞冲天！

智慧箴言

"忍耐是痛的，但是它的结果是甜蜜的。"凡事多忍耐一些，终将会使人生更美好。

▼

越成功的人越懂得放低自己

刺猬在身处顺境时拱着小脑袋，凭借着满身的硬刺，横冲直撞；当它身处险境时，则缩回脑袋，把自己团成一个刺球，让敌人无懈可击。能伸能屈，与其说是生物界的一种智慧，不如说是一种生存本能。

伸是进取的方式，屈是保全自己的手段。人生在世，都是在反复伸屈的状态中走过来的。

当生活或事业处于困难、低潮或逆境、失败时，若去运用“屈”的智慧，往往会收到意想不到的效果。反之，该屈时不屈却伸，必然遭到沉重打击，甚至连性命都保不住，那么，还有什么资格去谈人生、谈事业、谈未来、谈理想呢？

谈到屈的问题时，还要牵扯到我们传统的“面子”问题。

中国人的“面子”观念由来已久。从孔子开始就很讲面子，有些人甚至为了面子可以舍弃自己一生的幸福。尤其是封建社会，对于妇女的要求更是如此。所谓“饿死事小，失节事大”，好像人必须一辈子为了脸面而活。中国还有句古语：“人要脸，树要皮。”可你想想如果连事业都不能保障，连生命都受到威胁，那还要面子有何用？

学会取舍，实际上就是学会生活。就如一条大河，不可能一直向前，直通大海，必然要根据地势、地貌，弯弯曲曲，七拐八扭。人生也是如此。一般来说，当人处于逆境的时候，就应该委曲求全，收起锋芒。这就是屈。以屈求伸，等待时机，再创生命的辉煌。俄国十月革命时，布尔什维克党刚刚夺取政权，德国就有向东侵略的意向。很多人主张组织军队与德国宣战，但列宁却不同意这样做，他专门派人去德国进行和谈，签订了对苏维埃不利的条约。

这是一种妥协，这种行动并不表明列宁和布尔什维克革命立场不坚定，而是在强大的敌人面前，不得不这样做。否则，新生的革命政权就会很快被推翻。一个国家是如此，一个人也是如此。在形势不利于自己发展的时候，必须要采取以屈求全的策略，耐心等待时机，千万不要急躁。古人说：“小不忍，则乱大谋。”每个人应该都有自己的人生目标和理想，为了达到这些目标和理想，受寂寞、受白眼，甚至被社会、亲人误解，都应该在所不惜。

中国古代文化的经典著作《周易》提出“潜龙勿用”的思想，即要像潜藏的龙一样不轻举妄动，而是寻找时机，卷土重来。孔子在《易·系辞》中，则以尺蠖爬行与龙蛇冬眠作比，进一步解释什么叫“潜龙勿用”。他说：“尺蠖之屈，以求信也；龙蛇之蛰，以存身也。”宋朝的朱熹则进一步发挥这一思想，认为“屈伸消长”是“万古不易之理”。他提出，在时机未到之际，要“退自循养，与时俱晦”，要学会“遵养时晦”，即隐居待时。

纵观历史，该有多少像越王勾践一样的人物，为成就自己的事业、实现自己的理想，在必要的时候使用了屈伸之术，忍辱负重，从而保全自己，待时机一到，便东山再起。历史同时也说明，善于使用屈伸之术，该屈则屈，该伸则伸，较好地掌握其分寸，是许多历史人物成功的重要途径。

不要与别人争一日之短长，也是“屈”的技巧。

机关实行公务员制度，申某论学历，是大学本科；论才华，在机关数一数二；论年龄，正当年富力强。但是，每一次提升都没有他的分儿，而那些比他能力差、水平低、进机关晚的人，却一个一个成了他的上司和领导。

原因何在呢？

其原因就在于：申某只知道显露才华，认为自己这也比别人强，那也比别人好，处处表现出一种风头强劲的态度，从而使一些人产生反感，认为他尽管有能力，也有才干，但是不谦虚、太骄傲、目中无人。每次考察干部，人们都是这个意见。

而那些善于委曲求全和处理人际关系的人，却得到了大家广泛的好评。

智慧箴言

能屈能伸是一种战术，只要掌握技巧与分寸，便会无往而不胜。

▼

学会低头，才能出头

小不忍，则乱大谋。对于一个血气方刚的人来说，隐忍、妥协有时并不意味着胆小、怯懦，而是走向成功的一时之策。含辱妥协，既要战胜自我，消除受辱的复仇心理，又要战胜别人，不顾世俗的猜疑、歧视，这又何尝不是一种勇敢呢？

“妥协”，就其词义来说，是用让步的方法避免冲突或争执，从词性上看，妥协并无褒贬之分。暂时妥协是人生的一大策略，是暂时的放弃，是在这一过程中等待时机、创造条件，以求扭转乾坤、东山再起。

《老子》中有这样几句话：“将欲歙之，必固张之；将欲弱之，必固强之；将欲废之，必固举之；将欲取之，必固与之。”后人把老子的这一思想概括为“取予之计”。“将欲取之，必先与之”成为我国古代军事上的一种暂时妥协、待机索取的常用策略。

东周时期，在著名的“三家分晋”之战中，魏国国君成功地运用了这一策略。当时正值春秋末期，晋国的命运掌握在智、韩、赵、魏“四家”手中，其中智伯最强。他不满四家共享的局面，而欲独占晋国。于是，智伯打着加强王室的幌子，要三家各拿出一部分土地和庶民献给晋君，实则是扩充自己的地盘。他先去威逼韩国国君康子。

康子本想拒绝，宰相段规说：“智伯贪而无厌，假君命以削吾地，若用兵，是抗君也，彼将借以罪我，不如与之。”

段规建议，接受智伯的要求，割地后见机而行。智伯又袭用逼韩之法，向魏国索要土地。魏君桓子认为他欺人太甚，欲加拒绝，宰相任章劝说道：“君予之地，智伯必骄而轻敌，邻邦必惧而相亲。以相亲之兵，待轻敌之国，则智伯之命不长矣。”结果正如任章所料，智伯终被韩、魏、赵三家所灭。

战争中往往有这种情况：在条件不具备时，要想夺取或保存某种东西，必须暂时交出或放弃它，在“交出”或“放弃”的过程中，等待时机，创造条件，最后把它再夺回来。这种“将欲取之，必先予之”的策略，屡被后代兵家所推崇。

历史小说《袁崇焕》中，谈及“取予之道”，给人启发，也令人感叹。袁崇焕是明末著名军事家，官至兵部尚书。小说中说，辽东战役时，袁崇焕曾想以暂时妥协换取准备时间。他认为，军事上准备不充分时，暂时与外敌议和以争取时间。历史上不乏先例。

汉高祖刘邦曾与匈奴议和，争取时间来恢复、蓄养国力、兵力，等到汉武帝刘彻强盛时才大举反击。唐太宗李世民曾代父皇李渊做主，与突厥议和，等到兵马齐备、军队训练有素时，才派李靖北伐，大杀突厥犯敌。

暂时的妥协、必要的妥协，的确是一种重要的为政之道、军事之道、人生之道。大道通了，至于邻里纠纷、兄弟失和、夫妻斗嘴之类的日常矛盾，便不难用“妥协”来化解了。学会妥协、学会放弃，实则是人生一大课题。

由此可见，妥协、低头并不都是委屈、忍辱，有时它也体现出人的机智与幽默。

智慧箴言

有进攻必有退守，有冲突必有妥协。大至军国之重，小至家务之争，必要的妥协往往是不可少的。有时暂时妥协，反倒会带来意想不到的结果。

▼

放下架子，路会越走越宽

麦吉先生在公司工作非常努力，人也很有才干，大家都知道他很想升职，也都认为他有这样的能力。同时，公司董事会也对他的成绩很认可，不久他晋升了职务。于是，他工作更努力了，每天办公、开会，忙里忙外，喜悦之情难以言表。大家都替他高兴，也祝他在事业上更上一层楼。可是过了一年，公司人事变动，麦吉先生下台了，被调到别的部门当专员。得知消息的那天，他关上办公室的门，一整天没有出来，也不与别人说话。

当了专员后，大概难忍失去“舞台”的落寞，麦吉日渐消沉，后来变成一个愤世嫉俗者，再也没有升过职……事实上，在人生的舞台上，上台下台本来就平常。如果你的条件适合当时的需要，当机缘一来，你就上台了。如果你演得惟妙惟肖，你可以在台上待得久一点儿；如果你唱走了音，演跑了偏，上司不叫你下台，观众也会把你轰下台。此外，你下台的原因，还有可能是你演的戏已不合潮流，上司要让新人上台。

上台当然自在，下台难免神伤，这是人之常情，能够做到上台下台都自在才是处世的极致。所谓自在，指的是心情，能放宽心最好，不能放宽心也不能把这种心情流露出来，免得让人以为你禁不住打击。你应平心静气，做你该做的事，并且想办法提高你的演技，随时准备再度上台。不管是原来的舞台或别的舞台，只要不放弃，就有机会重新登上去。

另外还有一种情形也很令人难堪，就是由主角变成配角。就像人一生免不了上台下台一样，由主角变成配角也一样难以避免，下台没人看到也就罢了，而做配角偏偏还要在台上演给别人看。

由主角变成配角也有几种情形，第一种是去当别的主角的配角，第二种是与配角对调。这两种以第二种最令人难以接受。

真正演戏的人可以拒绝当配角，甚至可以从此退出影视圈，可是在人生的舞台上，要退出并不容易，因为你需要生活，这是现实！

所以，由主角变成配角的时候不必悲叹时运不济，也不必怀疑有人在暗中搞鬼。你要做的仍然是平心静气，好好扮演你配角的角色，向别人证明你主角、配角都能演！这一点很重要，因为如果你连配角都演不好，又怎么让人相信你还能演好主角呢？如果自暴自弃，到最后就算不下台，也必将沦落到去跑龙套，人到如此地步就很悲哀了。

如果能扮演好配角，一样会获得掌声，如果你仍然有主角的架势，自然会有再度挑大梁的一天。总而言之，人生的际遇变化多端，难以预料，有时逃都逃不掉。碰到这种时候，就应有上台下台都自在、主角配角都能演的心情，这种面对人生的能屈能伸的弹性，不仅会为你的人生找到支点，还会为你寻得再放光芒的机会。同时你的这种能屈能伸的弹性也必将赢得别人对你的尊重，因为没有人会欣赏一个自怨自艾又自暴自弃的人！

智慧箴言

有句名言说得好：“上帝给你关闭一扇门的同时，一定会为你打开另一扇门。”人生在世，要懂得坦然面对失去，有时候失去并不是一种悲哀，而是一种幸运，因为有失才有得。

▼

懂得低头弯腰，方能淡定从容

老百姓有一句俗语，叫作“人在屋檐下，不得不低头”。所谓的“屋檐”，就是别人的势力范围，换句话说，只要你人在这势力范围之中，并且靠这势力生存，那么你就在别人的屋檐下了。有时候，一些屋檐很高，任何人都可以抬头站着，但大部分的屋檐都是非常低的，也就是说，进入别人的势力范围时，你会受到很多有意无意的排斥和限制，这种情形在你的一生当中，至少会发生一次以上。除非你有自己的一片天空，是个强人，不用靠别人来过日子。可是你能保证你一辈子都可以如此自由自在，不用在别人的屋檐下躲避风雨吗？

通常情况下，只要是在别人的屋檐下，就“一定”要低头。

这是一种对客观环境的理性认知，没有丝毫勉强，所以根本不必磨不开面子。在生存与脸面相矛盾时，还是生存第一。

“一定要低头”，起码有这样几个好处：不会因为不情愿低头而碰破了头，因为你很自然地就低下了头，所以不会成为明显的目标；不会因为沉不住气而想把“房屋”拆了。要知道，不管拆得掉拆不掉，你总要受伤的，因为老祖宗早就有“伤敌一千，自损八百”的古训。

一般情况下，人们不会因为脖子太酸、忍受不了而离开能够躲风避雨的“屋檐”。离开不是不可以，但必须考虑去哪儿，而且离开想再回来，那是很不容易的。换个角度想想，在“屋檐”下待久了，就有可能成为屋内的一员，甚至还有可能把屋内人赶出来，自己当主人。

在中国历史上，政治斗争、军事斗争乃至权力斗争极其复杂，有时更是瞬息万变，忍受暂时的屈辱，磨炼自己的意志，寻找合适的机会崛起，也就成了一个成功者所必不可少的心理素质。所谓“尺蠖之屈，以求信也；龙蛇之蛰，以存身也”正是这个意思。西汉时期的韩信忍胯下之辱正是这种“一定要低头”的最好体现。如果他不低头而是奋起还击，闹出人命吃官司不说，还很有可能赔上自己的性命。

另一种更高层次上的“一定要低头”，是有意识地主动消隐一个阶段，借这一阶段来了解各方面的情况，消除各方面的隐患，为将来的巨大成功做好前期的准备工作。

隋炀帝十分残暴，各地农民起义风起云涌，隋朝的许多官员也纷纷倒戈，转向农民起义军。因此，隋炀帝的疑心很重，对朝中大臣，尤其是重臣，更是易起疑心。李渊（即唐高祖）曾多次担任中央和地方官，所到之处，悉心结纳当地的英雄豪杰，多方树立恩德，因而声望很高，许多人都来归附。这样，大家都替他担心，怕他遭到隋炀帝的猜忌。正在这时，隋炀帝下诏让李渊到他的行宫去觐见。李渊因病未能前往，隋炀帝很不高兴，多少有点儿猜疑之心。李渊想自己迟早为隋炀帝所不容，但过早起事又力量不足，只好缩头隐忍，等待时机。于是，他故意广纳贿赂，败坏自己的名声，整天沉浸于声色犬马之中，而且大肆张扬。隋炀帝听到这些，果然放松了对他的警惕。试想，如果当初李渊不低头，或者头低得稍微有点儿勉强，很可能就被正猜疑他的隋炀帝所害，哪里还会有后来的太原起兵和唐帝国的建立。

智慧箴言

在为人处世中，一定要“低头”的目的是让自己与现实环境有和谐的关系，把二者的摩擦降至最低，从而保存自己的能量，以走更长远的路。这是做人的一种柔软、一种权变，更是一种高明的生存智慧。

▼

忍得住才能挺得住

宋代文学家苏洵说过：“一忍可以制百辱，一静可以制百动。”其实，忍是理智的抉择，也是成熟的表现。

“退一步，海阔天空；让三分，心平气和。”

忍让并非窝囊，而是一种宽容精神，是一种不可缺少的美德，它可以使人与人之间友好相处、和谐发展。有些人之所以缺乏忍让精神，是因为错把忍让当成窝囊，因而常得理不饶人，无理争三分。其实，当忍让时则忍让，以忍让之心对待他人，方显一个人的思想修养和道德情操。生活中大量的分歧和矛盾，其实都可以通过忍让来化解。

忍有一个最重要的条件，就是要眼光放得远，为长久打算，忍一时之痛。一次，在公共汽车上，一个男青年往地上吐了一口痰，被乘务员看到了。乘务员说："同志，为了保持车内的清洁卫生，请不要随地吐痰。"没想到那位男青年听后不仅没有道歉，反而破口大骂，说一些不堪入耳的脏话，然后又狠狠地向地上连吐三口痰。那位乘务员是个年轻姑娘，此时气得面色涨红，眼泪在眼圈里直打转。车上的乘客议论纷纷，有为乘务员抱不平的，有帮着那个男青年起哄的，也有挤过来看热闹的。大家都关心事态如何发展，有人悄悄说快告诉司机把车开到公安局去，免得一会儿在车上打起来。没想到那位女乘务员定了定神，平静地看了看那位男青年，对大伙儿说："没什么事，请大家回座位坐好，以免摔倒。"一边说，一边从衣袋里拿出手纸，弯腰将地上的痰迹擦掉，然后若无其事地继续卖票。看到这个举动，大家愣住了。车上变得鸦雀无声，那位男青年也无话可说，脸上不自然起来，车到站还没有停稳，就急忙跳下去，刚走了两步，又跑了回来，对乘务员喊了一声："小姐！我服你了。"车上的人都笑了，七嘴八舌地夸奖这位乘务员不简单，真能忍，虽然骂不还口，却将那个男青年制服了。

这位女乘务员的确很有素质。她面对辱骂，如果忍不住与那位男青年争辩，只能扩大事态；与之对骂，又损害了自己的形象；默不作声，又显得太沉闷了。她请大家回座位坐好，既对大伙儿表示了关心，又淡化了眼前这件事，缓解了紧张的空气；她弯腰若无其事地将痰迹擦掉，这比任何语言表达的道理都有说服力，不仅感动了那位男青年，也教育了大家。

在生活中，我们也难免会碰到一些蛮不讲理的人，甚至是心存恶意的人，有时还会无缘无故地遭到这种人的欺侮和辱骂。每当遇到这样的事，常常让人觉得忍无可忍。可是，不忍就会成了对方的出气筒，也给自己带来不必要的麻烦。如果那位女乘务员不忍让，与那位男青年吵起来，甚至对骂或动手，虽然她有理，可是结果对她有什么好处呢？对那个男青年有什么教育意义呢？而忍了一时之辱，则取得了道德上、人格上的胜利，震动了那位男青年麻木的心灵。

某女士在家排行老大，小时候因家境艰难，父母忙于上班养家，照顾两个弟弟以及洗衣做饭之类的事早早就落在她的头上。弟弟怕她，父母疼她，因此她养成了能吃苦受累但不能忍气吞声的个性。后来她参军了，在部队严格纪律的约束下，她有了很大进步。但是有时部队的一些要求她虽然执行了，可心中并不愉快，常常满腹牢骚。后来，她的真正成熟进步是从学习忍耐开始的。她当的是通信兵，负责长途话务。记得刚上机时，负责培训她的是一位连里比较厉害的老兵。有一次，用户要与部队的一个分站通话，她拿着插头不知往哪条线路上插，正犹豫着，那位老兵一把将她的手打下，说：“你别拿着插头巡逻了。”从小到大，哪里受过这个气，当时她脑袋嗡的一声，血往脸上涌，泪水在眼窝里直打转，真想摘下话筒跑掉，可是一刹那间，她忍住了。想起平时领导常说三尺机台就是战场，要是跑掉不就等于在战场上开小差了吗？所以她一边抹泪，一边认真看老兵操作。下班后又帮着老兵整理话单，打扫机房，这时心情已经好多了。而老兵也觉得有些过火，主动过来手把手地教她。就这样，不久两人成了无话不谈的好朋友。

古人说："将愤之初则便忍之，才过片时，则心必清凉矣。"开始觉得自己肺都气炸了无法忍，可是忍过后才觉得没什么了不起的。忍一下对自己正好是个磨炼。生气发火，往往只是一怒之下，忍无可忍，这是因为人遇到愤怒的事情时心情比较烦躁，只觉得头脑一热，就什么都不顾了。如果这时候我们能有意识地让自己冷静下来，仔细权衡利弊，沉住气，那结果就不一样了，我们的人生也会由此而不同。

智慧箴言

忍让是一种美德，但忍让并非是无原则的迁就。在重大问题上，尤其是关系到立场和原则时，我们不仅不能忍让，而且必须站稳脚跟，不能有半点儿含糊。

▼

退后一步，便能看见海阔天空

就像音乐需要休止符，照片需要留白，绘画需要淡彩一样，生活也需要另一种形态：放下当前，退后一步，然后再看世界，一切都是那么宽广而美好。把钩心斗角、鸡毛蒜皮都扔到一边去，这样你会发现，原来幸福就在身边。

张某与李某是对门的邻居，这天不知哪家的鸡在两家的路正中下了一枚蛋，张某有事出门正巧看见了这枚蛋，当他伸手要拾起来的时候，李某正巧也出来了。李某上前一步，说道："我家的鸡下的蛋，你凭什么拿起来？"张某不服气地说："凭什么说是你家的鸡下的，这是我家的鸡下的。"两个人你一句我一句地吵起来，李某见自己的嘴快不过张某，便抬手给了张某一巴掌，张某见自己吃了亏，跑回家拿了剪子来，一气之下捅向了李某的腹部，李某当场死亡，张某被抓进了监狱。

张某与李某的事件说明，若任何一方肯让一步吃点儿小亏的话，也不至于落得如此下场。有些人看问题时目光短浅，以眼前利益为重，看不到长远利益，把本该快乐的人生过得苦不堪言，海阔天空自然成了痴人说梦。

人生在世，学会吃亏是很有必要的。学会吃亏，遇到烦恼才能及时化解，处理问题就会游刃有余。

古希腊神话中有一位大英雄叫海格力斯。一天，海格力斯走在坎坷不平的山路上，发现脚边有个袋子似的东西很碍脚，就用力踩了那东西一脚，谁知那东西不但没被踩破，反而膨胀了起来。海格力斯恼羞成怒，操起一根碗口粗的木棒砸向它，那东西竟然膨胀到把路给堵死了。正在这时，山中走出一位圣人，对海格力斯说："朋友，别动它，忘了它，离开它，远去吧！它叫仇恨袋，你不犯它，它便小如当初；你侵犯它，它就会膨胀起来，挡住你的路，与你敌对到底。"

其实我们也经常犯和海格力斯一样的错误：遇到矛盾时，不愿意吃亏，步步紧逼，据理力争，死要面子，认为忍让就是没了面子、失了尊严，最终只能使得矛盾不断升级，直至把自己的后路给堵死了。

社会就像一张网，错综复杂，我们难免与别人产生误会或摩擦。如果我们与别人发生了矛盾时，能够退一步对待恩怨，学会宽容，那么就会少一份怨恨，多一份快乐。

愿你能够时刻克制自己，做一个宽宏大量、不斤斤计较的智者！

智慧箴言

俗话说："忍一时风平浪静，退一步海阔天空。"有时候，忍让一步，妥协一回，不仅能够体现你的胸襟气度，还能消弭彼此的不快，造就良好的人际关系。

第五章
学会舍弃，才能轻装前行

▼

放弃，是一种更明智的选择

“名与身孰亲？身与货孰多？得与亡孰病？甚爱必大费，多藏必厚亡。”两千多年前，老子通过对名誉、财富、得失等问题的辩证追问与思考，得出一个结论：过分贪爱必然会付出沉重代价，拥有太多必然导致失去更多。所谓“少则得，多则惑”“夫唯不争，故天下莫能与之争”，这些观点，在今天仍然发人深省。

当壁虎受到外力牵引或者遇到敌害时，它的尾部肌肉就会强烈收缩，使尾部断落，也就是我们所说的“尾巴断了”。这种现象，在动物学上叫作“自切”，是壁虎的一种“自卫”行为。为了保全生命，壁虎就决绝地舍弃自己的尾巴，可是你不要以为它就那样了，壁虎才不吃亏，它的尾巴还会长出来的。到时候，壁虎依然完好无损。

欧洲金雕筑巢于高山悬崖，它以尖利的喙和强有力的爪宣布自己是天空的王者。金雕一窝只孵出两只幼雏。在食物不足的年代，小金雕就会挨饿，金雕妈妈也只能眼看着孩子饿得嗷嗷叫。到这时，两只小金雕就用力互相挤靠，结果总是相对弱小的那只被挤下山崖摔死。而这时的金雕妈妈又总是容忍这种“兽行”。

在兴安岭，被捕兽夹夹住腿的狼会咬断自己的腿。它明白，想当完整的狼已经没有可能，等下去只会把生命葬送在猎人手里。当瘸狼总比锅里的狼肉强，于是它理智而果断地咬断了被夹住的腿。而我们人在面对舍弃的痛苦时，却常常不如金雕和狼果断。

人很难理解它们的做法，即便有时候可以理解，却不得不感叹做到那样太难了。但是面对残酷的生存环境，壁虎、金雕和狼必须如此，否则全部会死掉。其实，岂止动物，我们人类不也时时面对着痛苦的舍弃吗？

两千多年前，印度王子乔达摩·悉达多，是这个世界上最完美最幸运的人之一，他离开了他的宫殿、花园、亲人、权势、国家。他看到世间的悲苦就像旷野上升腾的迷雾一样，永远也无法消散，生、老、病、死纠缠着可怜的人们，这世间是如此凄凉。他为此神伤，愁颜一刻也不能扫除。

当时他不仅是一个辽阔国度的威仪万方的年轻君王，还是一个丈夫，他有一位美丽端庄的妻子。他也是一个父亲，他的幼小的孩子聪明可爱。他的生活在别人眼中圆满得简直像童话中的珍珠。可是，他丝毫不能从这些甜蜜中得到心灵的满足，因为他看到了生灵的痛苦。他的心为他们而震颤、悲悯，于是他立志要将他们从苦难中解脱出来。

于是在一个宁静的月夜，这个人离开了他仍在睡梦中的妻子和幼儿，离开了他天堂般辉煌的王宫。一个车夫和一辆马车在门外无奈地奉命等候着他。从此，他踏上了一条超越生死、普度众生的精进之路。他没有再回过头来看一看他的王宫。那一年，乔达摩·悉达多29岁。他踏上了一条寻求真理的神圣之路。他愿意以自己的血肉之躯来冲破这黑漆、阴冷的漫漫长夜，他已经下定决心完全抛弃自我、舍弃一切。

随后的6年，他受尽了一切磨难，差点儿死去。但他的信念从未动摇过。有一天，他来到一棵郁郁苍苍的菩提树下，结跏趺坐，他发誓：不悟得真道，决不离开此座！他在树下坐了七七四十九天，苦思冥想，进入禅定，终于在一个黎明，他参悟真相，练就金刚，获得正觉，得道成佛。从此以后，不知有多少人成为他的信徒。他们都说，他给了自己灵魂终生的避难所。还有人说，他给他们的生命点亮了一盏长明灯。从此，他们不再感到黑暗和孤独。

很多年过去了，世界在他的面前流转，而他依然坐在那棵婆娑成荫的菩提树下，看穿了过去、未来、生死以及悲欢。他那一双慈悲如水的眼睛，给了后来者永久的平静和安慰。他就是佛教创始人释迦牟尼。

释迦牟尼是神，但经历了人的痛苦。他之所以是神，因为他是伟大的，而他之所以伟大，正在于他放弃了世人无不追求的荣华富贵，挥别了世人无不贪恋的欲望和温情，冲破了世人无不执着的自我利欲。虽然面对痛苦、迷茫、迟疑、内疚、失败甚至死亡的威胁，可是他硬是凭着血肉之躯和坚定的信念战胜了它们，成就了一颗金刚之心，以一己智慧之光、慈悲之光，为后来者照亮了漫漫长路。

舍弃是大自然的规律，舍弃是生存的一种方式，舍弃是勇敢者的行为，舍弃是智慧的选择。应该勇敢地面对一切，该舍弃时就舍弃。成功属于那些善于取舍的人。

现代社会，经济快速发展，物质日益丰富，人们所面对的选择与诱惑也越来越多。在这样的背景下，如何选择取舍实在是一个难题。做学问的总想搞出大而全的“体系”，做生意的唯恐遗漏任何赚钱的机会，就连吃饭都想什么都尝试一些，干脆来个“满汉全席”。但是，又有多少人会想到，人的时间、精力以及胃口是有限的，一味地贪大求全、四处开花，什么好处都想占，最后难免顾此失彼，甚至闹出各种笑话来。

无数事实表明，做好工作、成就事业，有时需要面面俱到，有时却需要大胆舍弃。善于舍弃，包含着审时度势的智慧、当断则断的勇气，反映着一个人的素质和能力。两利相权取其重，两害相权取其轻，扬长避短、发挥优势、壮士断腕讲的就是这个道理。为了全局利益舍弃一些局部利益，为了长远利益舍弃一些眼前利益，从某种意义上讲，是尊重客观规律，是对事业负责任。

智慧箴言

在很多时候，适时地舍弃胜于盲目地执着，这能让人腾出时间和精力去做更有价值的事情。形象地说，这不过是把拳头收回来，准备再一次出击而已。

懂得舍弃，才能收获更多

在漫长的人生中，我们拥有过无数美好或伤感的东西。有的留之无用，弃之又不忍。这时就需要我们学会舍弃，做出选择。

孟子曰："鱼，我所欲也；熊掌，亦我所欲也。二者不可得兼，舍鱼而取熊掌者也。生，亦我所欲也；义，亦我所欲也。二者不可得兼，舍生而取义者也。"两千多年前，孟子就以身说法，以形象的比喻把舍与取的问题引入了深刻的哲学中。

鱼和熊掌都能得到，当然是最理想的状态，但是现实往往让我们认识到这种兼得的可能性是很小的，或者说一般情况下是不可能发生的。鱼与熊掌只能选一个，这才是理智的、现实的。如果鱼和熊掌一样都没有的话，实在是天大的悲剧，其原因多半是不想放弃手里现有的东西而失去了往后应该得到的。

要想当一名考古学家，就得舍弃城市里的舒适；要想做一名登山健儿，就得舍弃嫩白的肤色；要想当一名科学家，就得一丝不苟地努力……人的一生总是被许多难以取舍的事所纠缠着，这时我们需要权衡轻重，看什么是自己想要的，怎么做能让自己得到最大的快乐。

他和她相识在一个宴会上，那时的她年轻美丽，身边有很多追求者，而他却是一个很普通的人。因此，当宴会结束，他邀请她一块儿去喝咖啡的时候，她很吃惊，然而出于礼貌，她还是答应了。

坐在咖啡馆里，两人之间的气氛很是尴尬，没有什么话题，她只想尽快结束。但是当服务员把咖啡端上来的时候，他却突然说："麻烦你拿点儿盐过来，我喝咖啡习惯放点儿盐。"当时，她都愣了，服务员也愣了。服务员把盐拿过来了，他放了点儿进去，慢慢地喝着。她是个好奇心很重的人，忍不住问他："你为什么要加盐呢？"他沉默了一会儿，然后一字一顿地说："小时候，我家住在海边，我老是在海里泡着，海浪打过来，海水涌进嘴里，又苦又咸。现在，很久没回家了，咖啡里加盐，就算是想家的一种表现吧。"她突然被打动了，因为这是她第一次听到男人在她面前说想家。她认为，想家的男人必定是顾家的男人，而顾家的男人必定是爱家的男人。她忽然间有了一种倾诉的欲望，于是就跟他说起了自己远在千里之外的故乡。尴尬的气氛渐渐变得融洽起来，两个人聊了很久，并且她没有拒绝他送她回家。

往后，两个人频繁地约会，她发现他实际上是一个很好的男人，有着她所欣赏的所有优秀男人应该具有的特性。她暗自庆幸，幸亏当时出于礼貌没有和他擦肩而过。她带他去遍了城里的咖啡馆，每次都是她说：“请拿些盐来好吗？我的朋友喜欢在咖啡里放盐。”再后来，他们结婚了，生活很幸福，日子过得很圆满，而且一过就是四十多年，直到他得病去世。但是，在临终前丈夫留给了妻子一封信，信上说：“原谅我一直欺骗了你，还记得第一次请你喝咖啡吗？当时气氛差极了，我很难受，也很紧张，不知怎么想的，竟然对服务员说拿些盐来，其实我不加盐的，可是既然说出来了，只好将错就错。没想到竟然引起了你的好奇心，这一下让我喝了一辈子的加盐咖啡。有好多次，我都想告诉你，可我怕你会生气，更怕你会因此离开我。现在我终于不怕了，因为我就要死了，死人总是很容易被原谅的，对不对？今生得到你是我最大的幸福，如果有来生，我还希望能娶到你，只是我不想再喝加盐的咖啡了，你不知道那有多难喝。咖啡里加盐，我当时是怎么想出来的！”信的内容让她很吃惊，同时有一种被骗的感觉。然而，他不知道，她多想告诉他：她是多么高兴，有人为了得到她的真爱，竟然喝了一辈子的带盐咖啡。

这需要何等的勇气，这又是何等伟大的爱！

舍弃不是一件简单的事，但也绝非一件特别困难的事。只要你记住摒弃贪婪之心，懂得适时放弃、适当舍弃，你就能收获更多，否则你渴望的越多就失去的越多。

智慧箴言

人生经常要在选择中舍弃，有时舍弃会让我们很心痛。但是，我们必须舍弃，只有舍弃该舍弃的，舍弃妄想，舍弃自私，舍弃粗俗，舍弃野蛮，舍弃陈年的伤痛，才会让人生更完美。

▼

当过去已不可挽回，就不要再留恋

一位权威的心理学教授，一天给学生们上课时拿出一只精美的杯子，当学生们正赞美这只杯子的独特造型时，教授故意装作失手，将杯子摔碎了。学生中不断发出惋惜声。教授指着杯子的碎片说："你们一定对它感到惋惜，可这种惋惜再多，也无法使它再次恢复原形。今后生活中发生了无可挽回的事时，记住这只杯子。"

人在无法改变失败或遇到厄运时，首先要学会的就是适应。我们的生活就像蜂蜜与黄连，掺拌而食。许多不快的经历，我们是无法逃避的，也是别无选择的。我们接受已存在的事实，自我调整。抗拒的话，不但可能毁了自己的生活，也会使自己精神崩溃。

英国国王乔治五世在白金汉宫图书馆内挂了这样一句话：“请教导我们不要凭空妄想，或做无谓的怨叹。”

可见，逆受是人生的一门必修课。命运中总是充满不可捉摸的变数，有时，它会带来可怕的灾难，如果我们没有学会接受，让灾难、痛苦主宰我们的心灵，将拨不开阴霾，导致失去阳光。心甘情愿地接受痛苦吧！接受事实是克服任何不幸的第一步。就让我们坦然面对吧！

这就像打翻的牛奶，既然牛奶已经被打翻了，你绝对不可能把沾了泥土的牛奶盛起来，当宝贝一样供奉。那么，你还哭泣什么呢？外面阳光明媚，一味地哭泣只能让你错过这个美妙的早晨。所以，赶快把那些没有丝毫意义的后悔收起来吧。生活对我们都是公平的。

一个人拎着油瓶在路上行走，不经意间，路上一块凸起的石头将油瓶撞碎了，油洒了一地。旁边看见的人大声对他说：“你的油洒了。”他头也不回，径直往前走。说话的人见他这样，很纳闷儿，就赶上前，问：“我说你的油洒了，难道你没听见吗？”行走的人说：“洒了就洒了，又收不回来了。再说，天快黑了，我离家远，还得赶路呢。”

还有一个故事：一天，一位老师在实验室讲课，他先把一瓶牛奶放在桌上，沉默不语。学生们不明白这瓶牛奶和所学的课程有什么关系，静静地坐在位置上，不解地望着老师。这时候，老师站了起来，一巴掌将那瓶牛奶打翻在水槽中。然后他将学生们叫到水槽前，说："我希望你们记住，牛奶已经淌光了，无论怎么后悔和抱怨，都没有办法取回一滴。你们要是事先想一想，加以预防，那瓶牛奶还可以保住。可是现在，如果还为它劳心费神，分散精力，是没有一点儿益处的。现在最紧要的就是忘记它，注意下一件事。"尘世之间，变数太多，就像手中的油瓶刹那间被石头碰碎，牛奶突然间被打翻了一样，事情一旦发生，就绝非一个人的心境所能改变。道理明明白白：伤神无济于事，郁闷无济于事，一门心思朝着目标走，才是最好的选择。

我们的生命中已经有太多被打翻的牛奶了，也经常看到别人为了他们被打翻的牛奶而哭泣。哭泣和后悔都是你的权利，别人无权干涉，可是你有没有想过在你哭泣的这段时间里，生命又错过了多少东西呢？哲学辩证法告诉我们，矛盾是永恒存在的，万事万物都是矛盾的复合体。美景往往会与危险相伴，快乐也时常与悲哀为伍，美味的东西有时还潜伏着中毒的可能，有相恋便总会有失恋，有结婚便一定会有离婚。如果你喜欢爬山，就不要总想着有悬崖；假如你喜欢吃河豚，也不要总怕会中毒。无论做什么事情，当你选择了一方面的同时，也就选择了它的另一面。

生活赐予你的，可能是你想要的，也可能是你不乐意的，可你必须都接受，因为那些加在一起才是完整的生活，就像五味只有在一起的时候才能制造出无穷的味道一样。所以，永远别以为只有甜美才是完美！那只是一种单调的并不值得回忆的生活。我们拥有了痛苦，才更怀念幸福，更觉得幸福美好，否则一切都习以为常的话，那是一种多么可怕的感觉！因此，打翻一杯牛奶并不要紧，重要的是，我们在生活中别为了打翻的一杯牛奶而抛弃了整个早上、一整天或更长的一段美好的光阴。只要你吸取教训，以后就不会打翻牛奶。如果你一直在为那杯被打翻的牛奶而哭泣的话，你以后也许就再也品尝不出牛奶的味道了。别因为忙着哭泣而错过了本该是喝完牛奶之后的那段美好时光！

奥运冠军刘翔在上海国际田径黄金大奖赛上没有战胜古巴新秀罗伯斯，未能实现三连冠，但这一结果并没有让他觉得很失望，他在向对手表示祝贺后脸上的表情非常平静。他淡淡地笑着说："其实田径就是这样，不管哪个项目年轻一代都要超越老的一代，这很正常。……其实今天起跑还行，不过第一个栏过后，就有点儿飘，然后就飘啊飘啊飘到底！反正我胜负看得不是很重，能跑成这样就挺好！"

"飞人"刘翔的心理状态很好，他很清楚他的最终目标是2008年的北京奥运会，所以之前的比赛对他都算热身。偶尔的失败未必不是好事，正因为失败，才暴露出自己潜在的问题和不足之处，才能在以后的训练和比赛中吸取教训、再接再厉。

人生路上，生而为人，一旦有了明确的目标，就不要在意这样或那样的牵绊，要紧的是不懈怠地去探寻、去追求。不要为碎了的油瓶伤神，不要为打翻的牛奶哭泣，否则，正如泰戈尔所言，如果你因为错过太阳而流泪，那么你也将错过月亮和星辰。

一位武术大师曾经以一双迅猛无敌的快腿令前来与之切磋武艺的人个个佩服得五体投地，用“威震武林”四个字来形容这位武学大师的腿脚功夫，实在是恰当至极。可是现实真如人们经常说的那样“命运弄人”。在一次上山采药的时候，武学大师不小心踩空悬崖，虽然命是保住了，但是双腿却摔断了！一向以腿脚功夫威震武林的武学大师此时连站立和行走都成了问题，过去迅猛无敌的快腿此时只留下一双空空的裤管。

等到武术大师从昏迷中彻底清醒过来时，弟子们几乎不敢告诉他这个惨痛的消息，他们甚至不敢想象师父看到一双空裤管时会有怎样的反应。可是当大师看到一双空裤管时，他没有像弟子们想象的那样慌乱，更没有捶胸顿足地表达自己的痛苦和抱怨命运的不公。他让弟子把自己扶起来，平静地吃了一些饭菜，然后就像过去一样坐在那里练习内功。练习完内功，看着一脸茫然的弟子们，武术大师说道：“我想说两件事：第一，以后谁还想练腿脚功夫，我还会像以前一样认真教导，只不过很难再亲自示范了；第二，从今天起，我要练习臂掌部的功夫，我相信自己不会因为失去双腿而变成废人，你们也不必因为师父失去双腿而放弃在武学上的修炼。”

几年以后，这位武学大师以其出色的掌上功夫赢得了更多人的敬仰。当一位多年不见的老友看到他失去双腿而流泪叹息时，这位武学大师微笑着对老友说：“我把过去的一切都扔掉了，所以能轻轻松松地生活、练武，不要让几年前的痛苦扰乱久别重逢的兴致了。”

智慧箴言

过去的成功或失败，快乐或伤痛，都属于过去。留在昨天的阴影中不肯走出就永远看不到前面的阳光。我们不该在一日之初、黎明升起之时还背负着昨日的伤痛。记忆是痛苦的根源。过去的一切都让它随风而去吧，留恋没有任何意义，不要让昨天的伤痛令自己痛悔一生。

身心俱疲时，要学会忘记

经历是一笔财富，人会从中得到历练，但经历并不要求人们去记忆，记忆多了就像行囊塞满了各种各样的东西，拖得人直不起腰来。所以，人都要学会忘记。

忘记愉快有时是理性，忘记苦难往往有助于前行。岁月总是在缓缓向前。活在当下，并不需要沉重的记忆。现在想来，学会忘记，其实是在学会取舍，学会选择。

很多人为记忆而活着。记忆就像一本独特的书，越往后翻内容越多，描叙越来越清晰，读起来也就越沉迷。但是，也有很多人是为忘记而活着的，过去的一切事情对他来说都是过眼云烟，值得珍藏终生的东西已经被放在心底，而对那些容易惹人沉溺的记忆，不管美妙也好，沉痛也罢，都毫不留情地打入

"冷宫"。不计较过去，不眷恋历史，不翻旧账，只想如何把未来的日子过好，一切向前看。

要学会忘记，不要让心灵过于沉重。

有一位蔡女士到法院起诉。她说与她分居的丈夫伪造了各种证件，还编造谎言，说孩子妈妈跑了，自己还有病瘫痪在床，以此骗取媒体的同情，把这事刊登了出去。为这篇不实的报道，蔡女士与媒体打起了官司。官司是打赢了，精神损失费却没要来。于是，蔡女士不断去有关部门讨说法。一次讨说法时，有关部门里一个性情暴躁的小伙子把与她同去的朋友打伤了，为此，蔡女士又开始为这个被打伤的朋友讨说法。日复一日，蔡女士为这事折磨的头发白了，精神也不济了。两件事的赔偿金额才一万块钱。她说她不在乎钱，就是想讨个说法，不然心里不痛快。

为讨个说法，蔡女士付出了红颜早逝，精神萎靡，身心俱疲的代价，真是得不偿失。还不如大人不计小人过，忘掉无情的丈夫，一门心思地过好自己的日子。

此事告诉我们，要学会忘记别人对我们的伤害，忘记朋友的背叛，忘记被欺骗的愤怒，被羞辱的耻辱，慢慢地我们就掌握了自己的生活，发现生活如此美好，这时的我们会变得豁达宽容，也更加主动、有信心。让我们面带笑容、充满力量地去开创属于自己的崭新生活。

忘记未尝不是一种幸福。因为人生并不像期望的那么充满诗情画意、快乐自在。人生中有许多痛苦和悲哀、令人厌恶和心碎的东西，如果把这些东西都储存在记忆之中的话，人生必定越来越沉重，越来越悲观。实际上的情景也正是这样。当一个人回忆往事的时候就会发现，在人的一生中，美好快乐的体验往往只是瞬间，占据很小的一部分，而大部分时间则伴随着失望、忧郁和不满。

生命如水流逝，我们不能抗拒，因此，我们要学会忘记。不要总把命运加给我们的一点儿痛苦在我们有限的生命里来回咀嚼，否则将得不偿失，百害无一利；一味地缅怀和沉醉其中，只能使我们的意志变得薄弱，长此以往，必然导致我们错失时机以致一事无成，如此恶性循环，也必然使得我们的痛苦与日俱增。《红楼梦》里的林黛玉不就是一个典型例子吗？多愁善感的林黛玉整天捧着诗词，表面是在咀嚼诗句，实际句句伤情，时刻放不下情与恨的牵绊，心情长期处于压抑之中而得不到释放，所以才忧劳成疾，香消玉殒。

忘记昨天，是为了今天的振作。干大事业往往会为一时得失所羁绊，而成功人士都懂得如何让昨天的惨败变成明日的凯旋。那些无法忘记过去的人，常常会连今天也失去。沉迷于昨日的人，很可能也会错过人生辉煌的未来。活在昨天里的人不愿意面对今天和各种变化，当今天发生新变化时，他就会茫然而不知所措，变得烦躁不安。时光的流逝永不停息，我们应该学会忘记过去的遗憾和伤痛，因为还有很多美好的事情在前方等着我们。

忘记很难，但是只要自己想去做，就很容易。在这个过程中，自我的心理定位很重要，它往往起到暗示作用。不要轻易说“想要把你忘记真的好难”，也不要固执地摇着头说“痛苦的往事怎能说忘就忘”。你应该对自己说：“这件事情是很正常的，我只是天下众多痛苦的人中的一个，我完全可以淡忘它。”只要你愿意，时间可以为你证明这一切是多么平常，一如太阳上面会有黑子，黑子会爆发；一如月亮会有阴晴圆缺。万事坦然面对，才能微笑地迎接明天的生活。有时候，善良、恩惠也会成为人生的包袱，如果你一味地抱着它们不放的话，它们也会牵连我们。于是，我们还要学着忘记我们对他人的恩惠，因为我们不图回报。太在意回报的人，只会守株待兔，荒废了正业。只要活得问心无愧，就不需要在意他人的所作所为。

阿拉伯作家阿里，有一次和吉伯、马沙两位朋友一起旅行。三人行经一处山谷时，马沙失足滑落。幸而吉伯拼命拉他，才将他救起。马沙于是在附近的大石头上刻下：“某年某月某日，吉伯救了马沙一命。”三人继续走了几天，来到一处河边，吉伯跟马沙为了一件小事争吵起来，吉伯一气之下打了马沙一耳光。马沙跑到沙滩上写下：“某年某月某日，吉伯打了马沙一耳光。”当他们旅行回来后，阿里好奇地问马沙为什么要把吉伯救他的事情刻在石头上，将吉伯打他的事情写在沙滩上。马沙回答：“我永远都感激吉伯救我，所以刻在石头上。至于他打我的事，我只随着沙滩上字迹的消失，而忘得一干二净。”

学会忘记是“去粗取精”，只有忘记那些该忘记的，才能牢记不该忘的。我们低迷时别人的一句安慰、一次帮助；我们困惑时别人的一声鼓励，我们都要永远牢记。

学会忘记并不是要逃避，恰恰是“乐观”的选择与体现，从某种角度上出发也可以认为是生活中的一种勇敢姿态。命运需要前行而不是退缩，好也罢，坏也罢，都要轻装前行。

人生在世，忘记有什么不好呢？它能够使我们忘掉幽怨，忘掉伤心事，忘掉琐碎，减轻我们的心理负担，净化我们的思想意识，让我们利利索索地做人和享受生活。

智慧箴言

只有忘记了，生命的行囊才不至于太沉重、太零乱、太孤苦、太琐碎。留下一路笑语欢歌，留下一个个美丽的心情，留下一串串坚实的人生足迹。学会忘记，其实就是让生命轻装前行。

既要拿得起，也要放得下

民间有一句谚语叫“拿得起，放得下”，指一个人心胸广阔，有胆识去做事，并勇于承担责任，能承受住困难险阻所造成的各种考验。“拿得起”是指能力而言，“放得下”则侧重于心胸宽广。或许有人会说，要做成很多事情太难了，然而大家不要忽视了人类为目标而奋斗的勇气和毅力，实际情况是太多拿得起的人并不一定能放得下，而在拿得起之前，他们都以为放下是绝对不成问题的。

《红楼梦》里的跛足道人唱了一首“好了歌”，歌词是：世人都晓神仙好，只有功名忘不了！古今将相在何方？荒冢一堆草没了！世人都晓神仙好，只有金银忘不了！终朝只恨聚无多，及到多时眼闭了！世人都晓神仙好，只有娇妻忘不了！君生日日说恩情，君死又随人去了！世人都晓神仙好，只有儿孙忘不了！痴心父母古来多，孝顺儿孙谁见了？

由此我们反观到自己面对欲望的心态：很多东西我们都想要，一旦获得了，就不打算放下，甚至还有强烈的不满足感。倘若是一块泥巴、石块，放下再容易不过；倘若是黄金珠宝，高官厚禄，放下就很难了……这就像歌词所唱的。

海里有一种鱼很有意思，它们可以自主选择是否要鱼鳞。一旦要了，那鱼鳞就会越来越多，显得身形庞大、孔武有力，在争食和交配上足以取得优势。但其身体会越发膨胀，以致日益臃肿，难以游动，被鱼鳞拖累而死。我们拿起了，最终却无法放下，是不是很像这种鱼呢？

但人类绝对不是鱼。鱼没有办法权衡利弊，它最初的选择是盲目的，而我们人类却可以慎重地选择要去做的事情，也能在起初就对将来可能出现的各种后果做出预料和心理准备。但是难的一点是，人性中贪婪的成分太多了，它们牢牢地禁锢着我们的手脚，不让我们放下该放下的东西。

有一篇武侠小说里写道：许多人在一个藏宝地宫里争夺珠宝黄金，突然有人高喊："地宫要塌陷了，赶紧出来！"许多人充耳不闻，继续争夺；有些人则赶紧向宫门跑去，可他们不是在跑，而是在挪步——浑身上下太多金银玉器了……最后只有一对情侣跑了出来，因为他们什么也没拿，且相互协助着设法跑得更快。情侣刚刚跑出门口，整个地下宫殿"轰"的一声全都坍塌，那些放不下财宝的人，都成了财宝的陪葬。

人不可以太贪婪，既然当时有勇气和决心去做某件事情，一旦发生意外需要暂停或者抛弃现有东西的时候，你必须从容地放下它们。真正的勇者和智者不会在此事上过多犹豫。这是对自己负责，这种做法充斥着一股足以屹立于天地之间的浩然正气。

生活中不顺心之事十有八九，要想事事顺心，就要拿得起放得下，不愉快的事让它过去，不要总放在心上。

一则故事说，法国人从莫斯科撤走后，一位农夫和一位商人在街上寻找财物。他们发现了一大堆未被烧焦的羊毛，两个人就各分了一半捆在自己的背上。归途中，他们又发现了一些布匹，农夫将身上沉重的羊毛扔掉，选了一些自己扛得动的较好的布匹；贪婪的商人将农夫所丢下的羊毛和剩余的布匹统统捡起来，重负让他气喘吁吁、行动缓慢。走了不远，他们又发现了一些银质的餐具，农夫将布匹扔掉，捡了些较好的银器背上，商人也想捡，却因沉重的羊毛和布匹压得无法弯腰而作罢。这时，天降大雨，饥寒交迫的商人身上的羊毛和布匹被雨水淋湿了，他踉跄着摔倒在泥泞当中。而农夫却一身轻松地回家了。他变卖了银餐具，生活富足起来。

这就是拿得起放得下。正如我们人生路上一样，大千世界，万种诱惑，遇到时该放就放，你会轻松快乐一生。

宋朝的吕蒙正被皇帝任命为宰相，在他第一次上朝时，突然人群里有人大声讥讽他说："哈哈哈，这种模样的人，也能入朝为相啊？"可吕蒙正却像没有听见一样，继续往前走。跟随在他后边的几个官员却为他鸣起不平来，拉住他的衣角，非要帮他查查到底是谁竟然如此大胆，敢在朝堂上讥讽刚上任的宰相。吕蒙正却推开众人，说："谢谢大家的好意。但我为什么要知道是谁在说我呢？一旦知道了，一生都放不下，往后还怎么处事？”

吕蒙正善于识人，他所举荐的人后来无不成为国家栋梁，而他最大的特点就是一旦用了某人便不再用自己的权力来约束其才能的发挥。做宰相期间，他一直以“无为而治”作为自己的施政方针。所以有一天，他的两个儿子愤愤不平地对他说：“父亲，外面都说你无能，你做宰相，权力怎么能被别人夺去了呢？”吕蒙正听了，哈哈大笑说：“我哪有什么能耐啊？皇上不就是看我善于识人才提拔我当宰相的吗？我当了宰相，就要为国家物色有能力办事的人，我要权力干什么啊？”

吕蒙正之所以能成为大宋的一代名相，根源不正是他有能放下一切荣辱的襟怀吗？自古至今，有些人拼命地揽权，并不是他们比别人更有能耐，而是他们贪图权力所带来的“好处”——这正是这些人嫉贤妒能，不愿放下权力的根本所在。如果用一句俗话来评价吕蒙正，那就是“拿得起，放得下”。

智慧箴言

人要做到事事顺心，就要拿得起放得下。放弃是一种睿智，它可以放飞心灵，可以还原本性，使你真实地享受人生；放弃是一种选择，没有明智的放弃就没有辉煌的选择。不管你是一个平凡之人，还是一个追求伟大的人，只要你有一颗能够“放下”的心，你就能成为卓越者、成功者。

一个人能走多远，取决于他能看多远

一座城市不是一天就建成的，而是要经过无数人的实地考察，用长远和发展的目光，进行科学的、合理的规划和布局，否则，何谈建设呢？

我们做任何事情都要目光长远，早策划，早准备，只有这样才能事半功倍。成功和机遇总是留给那些有远见、有智慧、有准备的人。

生活中很多人在向着目标奔跑的过程中总是觉得力不从心或得不偿失，因为他们不做功课，鼠目寸光。而那些真正做足功课的人，其实在起步之前就成功了一半，因为他们有远见、有智谋，他们是有备而来。

中央台的新闻频道有个嘉实基金广告，屏幕上一个商务人士站在山顶上画出了一条大路，后面的广告词是：远见者稳进。

腾讯公司的老板马化腾跟你有什么差别？有一点可以肯定，人家坐在几十层高的楼上办公，而你在一层或者几层高的地方办公，这就是差别。原因何在？因为人家站得比你高，看得比你远，做事情有远见，所以今天的腾讯是即时聊天领域的老大。

大学计算机专业毕业后的马化腾，起初在一些中小型公司打工，一次偶然的机会，马化腾接触了一种以色列人开发的即时聊天工具 ICQ。直觉告诉他，这种东西很好，它可以做电脑之间的传呼机，而在 90 年代初，BB 机还是新潮东西。虽然 ICQ 能够在电脑上提供即时信息功能，可是马化腾觉得它有一个很大的缺点，即没有中文版本，用起来很不方便。他就想搞一个中文的 ICQ，于是他马上叫上几个朋友成立了一个公司，仿照 ICQ 搞一个中国的 ICQ。在市场上，ICQ 的中文版 OICQ 很受欢迎，下载的人特别多。

后来几经波折，腾讯的 QQ 终于成为拥有三千多万忠实用户的庞大帝国，不仅如此，这个帝国还在悄无声息中把它的触须伸展到互联网的各大领域，如 C2C、搜索引擎、游戏等。不知道站在楼上的马化腾又有哪些计划正准备实行呢？

人生如下棋，必须有远见方能获胜。良好的开端是成功的一半，良好的布局是胜利的一半。会下棋的人往往重视对布局合理性的思考，因为只有布局合理，甚至比别人超前一步乃至两步的布局，才能攻守协调，率先立于不败之地，否则，往往会导致最终的败局。

企业经营也犹如下棋，深谋远虑才能获胜。英国历史学家汤因比说："凡是不把未来考虑在内的，必将会被未来所覆没。"想取得巨大的成功，就要确立长远的和有较大价值的目标。胸怀大志，远见卓识才能有大发展，大成功。

日本的三菱公司把公司的计划做到 2100 年，也就是说把 100 年后的计划都做好了。三菱公司说，我们是一个大企业，总资产 60 兆，员工 40 万，我们必须要有长远的计划和目标。像三菱这么大的公司，要长远地发展下去，还要养活 30 万人，不容易，而且它的对手每一天都想击垮它，所以它不得不提早把东西都想好了。

另外一个公司也是这样。上海九江路有个公司——APP 金光集团。这个公司是造纸的，它也把计划做到了 2100 年。它的情况很特别，因为它做的是纸业，纸张来源问题必须要想得长远。APP 金光集团的王老板说，100 年以后全世界都不准随便砍伐木头，所以，100 年之后，中国一定不再允许任何纸张开始申请牌照，给它挂牌，到那时候，如果没有自己的纸张厂，就造不成纸。所以，他们在广西和南海租了 250 万亩的土地，开始开发树林，现在就把树苗种下去。种下去以后怎么办呢？王老板在酒店请全体员工吃饭时，讲了这么一句话："谢谢了，各位，我们的树苗种下去了，100 年以后，这个房间里面包括我在内，所有人都死了，但是我们的后代有木头可以砍伐了，谢谢了。”然后就把酒喝下去了。

他们现在就要想到 100 年以后，这就是长期目标。两个事例都启发我们，做事情要有长远眼光，要把大格局了然于胸，胸有成竹之后才能下笔有神。

有远见卓识的人或者企业，一旦把大局形势掌握在手中，就会逐步实现所做的规划。在这个过程中出现的阻挠或者障碍都不能打乱策划者的长远眼光和长远利益。

正是因为企业做了周密的长远计划，才可以不顾一时亏损的小利益。因为他们清醒地知道，有时候，先期的投入、亏损是必要的。目光放得长远，才能谋势而动，在复杂多变的市场环境中求得先机。

正是微软的“远视眼”成就了今日的“微软帝国”。

微软的 MS-DOS 操作系统曾经在计算机领域盛极一时。其实在最初，IBM 个人计算机可以选择装入其他三个操作系统：PC-DOS、CP/M-86 和 UCSD Pascal P-System。而微软希望 MS-DOS 成为唯一的标准。为了达到这个目标，微软总裁比尔·盖茨认为：首先，MS-DOS 必须成为最好的产品；其次，要努力帮助别的公司编写以 MS-DOS 为基础的软件；第三，就是要以低价换取市场占有率。

在这个思想指导下，微软与IBM达成了看起来是微软吃亏的协议，这个协议简直令人难以置信：只要交很少的一次性费用，就允许IBM在其销售的许多计算机上使用MS-DOS。这个策略的结果是：IBM以大约450美元的价格出售UCSD Pascal P-System，以175美元出售CP/M-86，而以60美元的低价出售MS-DOS。随着IBM PC和MS-DOS的普及，原先市场占有率第一的CP/M逐渐淡出市场。

微软正是因为不计较一时的小利，充分地考虑长远利益来做正确的事，最终“一亏定乾坤”，确立了今天它在软件领域的霸主地位。

智慧箴言

只有目光长远、制定长期战略的企业才能成为最后的赢家。其实，无论是企业还是个人，做事一定要有远见，要尽量考虑到以后所要面临的机遇和风险。

一个人能走多远，往往取决于他能看多远。

第六章

做事甭太计较，该糊涂时就“糊涂”

▼

愚蠢者最聪明，聪明者最愚蠢

蜀后主刘禅是中国历史上一个众所周知的人物。他之所以有名，并不是因为他能干，而恰恰是因为他“无能”。按照通常的说法，此人是个典型的低能人物。关于他，有许多或多或少带有侮辱性的传说，以至于后来连他的乳名“阿斗”也成了呆笨无能的代名词。

那么，刘禅究竟是个什么样的人呢？从自保的角度而言，他乃是个大智若愚的非凡之才。

公元263年5月，曹魏大举攻蜀，蜀国兵力不敌，刘禅被迫投降。

由于刘禅的“识时务”，因而受到敌方的优待。次年，刘禅被迁北上，来到洛阳。

到了洛阳之后，刘禅发现事情有些微妙：曹魏封他为安乐公，而曹魏的实权派人物、刚刚晋封为晋王的司马昭对他却外信内疑，怀有戒备心理。因此，这位人称“阿斗”的蜀汉后主决心利用自己的“愚钝”姿态来自保。

不久，司马昭设宴招待刘禅，席间特请人演出蜀地技艺。由于司马昭的暗中布置，有些人假作触景生情状，忍不住暗暗抽泣。坐在司马昭身旁的刘禅本也应哀伤于心，但他看见司马昭那阴晴不定的面孔时，一下子提高了警惕，因而强充笑脸，嬉笑自若。见此，一向对刘禅怀有戒心的司马昭放下心来，悄悄对他的亲信贾充说：“人之无情，乃至于此。虽使诸葛亮在，不能辅之久全，况姜维邪？”

一向被称为“清客”的贾充打趣地说：“不如此，公何由得之！”戏艺终了时，司马昭戏问刘禅：“颇思蜀否？”

一惊之后，刘禅答道：“此间乐，不思蜀也！”

这句话居然骗过了司马昭，但与刘禅一起降魏的旧臣欲正认为他“愚”得还不到位。宴会之后，欲正对刘禅进言说：“主公方才的答话有些不妥。如果以后司马公再问您这类话，您应该流着眼泪，难过地说：‘祖先的坟墓都在蜀地，我怎能不想念呢？’”思索了片刻，刘禅点了点头。

几天以后，疑心仍未完全消除的司马昭又一次问起刘禅是否想念故国。按照欲正的指教，刘禅说出了那几句话，并装作一副悲伤的样子，只是竭力不让眼泪流出来。司马昭见了，心中有数（早与欲正有过沟通），突然说道：“你的话怎么像欲正的腔调？”

刘禅假装一惊，睁开眼，说：“先生您怎么知道？这正是欲正教我的！”

司马昭听了，哈哈大笑起来。自此以后，忙于篡魏，遂不再对刘禅生毒害之心。

靠明哲保身的韬晦之计，刘禅虽身处险境而有惊无险，平安地度过了余生。

古今一理。第二次世界大战中，作为苏联党和国家领导人的斯大林，由于受反常的“自我尊严”的驱使，变得很难接受别人的意见，“唯我独尊”的个性使他不能允许世界上有人比他高明。莫斯科保卫战前夕，大本营总参谋长朱可夫将军曾建议“放弃基辅城”，以免遭德军的“合围”。这本来是一个很有战略眼光的建议，但斯大林听不进去，当面骂朱可夫“胡说八道”，并一怒之下把朱可夫赶出大本营。不久，基辅果然遭德军合围，守城的红军精锐部队全军覆没。等到斯大林对朱可夫说“你是对的”时已经晚了。但是，一度当了苏军大本营总参谋长的华西里也夫斯基，却往往能使斯大林不知不觉间采纳他的正确的作战计划，从而发挥了杰出作用。

华西里也夫斯基的进言策略甚是别致。

在斯大林的办公室，在斯大林与华西里也夫斯基谈天说地的“闲聊”中，华西里也夫斯基往往“不经意”地“顺便”说说军事问题，既不郑重其事，也不头头是道。可奇妙的是，往往等他走了以后，斯大林便会想起一个好计划。过不了多久，斯大林在军事会议上陈述了这个计划。大家都惊讶于斯大林的深谋远虑，纷纷称赞。斯大林自然十分高兴。再看看华西里也夫斯基本人，也与大家一样显得惊异，并且也与众人一道表示赞叹和折服。这样一来，再也没有人想到这是华西里也夫斯基的主意，甚至斯大林本人也不这样想了。

华西里也夫斯基也在军事会议上进言，但那种方式方法却是令人啼笑皆非的。他首先讲三条正确的意见，但口齿不清，用词不当，前后重复，没有条理，声音含混不清，因为他的座位通常靠近斯大林，所以只要使斯大林一个人明白他的意思就行了。接着他又画蛇添足地讲两条错误的意见。这会儿，他来了精神，条理清楚，声音洪亮，振振有词，必使这两条错误意见的全部荒谬性都昭然若揭才肯罢休。这往往使在场的人心惊胆战。

等到斯大林定夺时，自然首先批判华西里也夫斯基那两条错误意见。斯大林往往批判得痛快淋漓，心情舒畅。接着，斯大林逐条逐句、清晰明白地阐述他的决策。他当然完全不像华西里也夫斯基那样词不达意、含混不清。但华西里也夫斯基心里明白，斯大林正在阐述他刚刚表达的那几点意见，当然是经过加工、润色了的。不过，这时谁也不再追究斯大林的意见是从哪里来的。这样一来，华西里也夫斯基的意见也就移植到斯大林心里，变成斯大林的东西，因而得以付诸实施。事后，曾有人嘲讽华西里也夫斯基是个神经病，是个“受虐狂”，每次不让斯大林骂一顿心里就不好受。华西里也夫斯基往往笑而不答。只是有一次，他对过分嘲讽他的人回敬道：“我如果也像你一样聪明、一样正常、一样期望受到最高统帅的当面赞赏，那我的意见也就会像你的意见一样，被丢到茅坑里去了。我只想我的进言被采纳，我只想前线将士少流血，我只想我军打胜仗，我以为这比讨斯大林的当面赞赏重要得多。”

在这里，华西里也夫斯基运用的就是一种潜智慧，这无疑是一种更为明智的选择。

智慧箴言

在为人处世中，有些人巧妙地利用在他人心中制造自己“愚钝”和“低能”的假象，明哲保身，骗过了无数聪明的当事者。真应了那句名言：“愚蠢者最聪明，聪明者最愚蠢。”

做人不能奸诈，但可“装傻”

“装傻”，看似愚笨，实则聪明。人立身处世，不矜功自夸，才可以很好地保护自己，也才可以成大事。韩信是汉朝的第一功臣，在汉中献计出兵陈仓，平定三秦；率军破魏，俘获魏王豹；破赵，斩成安君，捉住赵王歇；收降燕，扫荡齐，力挫楚军；连最后垓下消灭项羽，也主要靠他率军前来合围。司马迁说，汉朝的天下，三分之二是韩信打下来的。但是他功高盖主，又不能谦逊自处，加上他犯了大忌，看到曾经是他部下的曹参、灌婴、张苍、傅宽都分土列侯，与自己平起平坐，心中难免矜功不平。樊哙是一员猛将，又是刘邦的妹夫，每次韩信访问他，他都是“拜迎送”。但韩信一出门，总要说：“我今天倒与这样的人为伍！”自傲如此，全然没有了当年甘受胯下之辱的情怀。

这样，终于一步步走上了绝路。后人评价说，如果韩信不矜功自傲，不与刘邦讨价还价，而是自隐其功、谦逊退避，刘邦再狠辣大概也不会对他下手吧！

人人都想表现聪明，装傻似乎是很难的。装傻需要有“傻”的胸怀、风度，既能够愚，又愚得起。《菜根谭》说：“鹰立如睡，虎行似病。”也就是说，老鹰站在那里像睡着了，老虎走路时像有病的模样，这是它们准备猎物、吃人前的手段。所以，一个真正具有才德的人要做到不炫耀、不露才，这样才能很好地保护自己。

古时有“扮猪吃虎”的计谋。以此计施于强劲的敌手，就是在其面前尽量把自己的锋芒收敛，“若愚”到像猪一样，表面上百依百顺，装出一副为奴为婢的谦卑模样，使对方不起疑心，一旦时机成熟，即一举把对手制服。这就是“扮猪吃虎”的妙用。

胡适先生晚年曾说：“凡是有大成功的人，都是有绝顶聪明而肯做笨功夫的人。”1805 年，拿破仑乘胜追击俄军到了关键的决战时刻。此时，沙皇亚历山大见自己的近卫军和增援部队到来，便不想撤退而欲与法军决战。库图佐夫劝他继续撤退，等待普鲁士军队参加反法战争。此时拿破仑知道了俄军内部的意见分歧，害怕库图佐夫一旦说服沙皇，就会失去战机，于是装出一见俄军增援到来就害怕的样子，停止追击，派人求和，表示愿意接受一部分屈辱条件。这更加刺激了沙皇，他以为像拿破仑这样傲慢的人如果不是走投无路，是绝不会主动求和的，因此断定现在正是回师打败拿破仑的时机，于是不听库图佐夫的意见，向法军展开进攻，结果落进了法军的圈套，被法军打得狼狈不堪。

可见，聪明不露才是制胜高手。

智慧箴言

人们不管本身是机巧奸猾还是忠直厚道，几乎都喜欢不会投机取巧的人。但是，要达到自己的目标，没有机巧权变是不行的。要学会装傻，懂得藏巧，不为人所识破，也就是“聪明而愚”。

▼

外拙内精，心中有数即可

没有人不承认清朝大画家郑板桥是一位大智者，但他却有一方闲章："难得糊涂。"此章一经刻出，便立刻成了某些人津津乐道的座右铭，仿佛有许多人生的禅机一下子从这四个字中折射出了哲学的光辉。

于是，这世上便有了糊涂哲学。

纵观世上那些有大智慧的人，他们往往不在众人面前尤其是同行、同事或同伴面前显露才华，外表上好像很愚笨，实乃聪明至极。

明代大作家吕坤在《呻吟语》中说："愚者人笑之，聪明者不疑之。聪明而愚，其大智也。夫《诗》云'靡哲不愚'，则知不愚非哲也。"用现在的话讲，意思是：愚蠢的人，别人会讥笑他；聪明的人，别人会怀疑他。只有聪明而看起来又愚笨的人，才是真正的大智者。《诗经》上也说"没有哲人不犯傻的”，可见不犯傻的人并非真正的聪明人。

据说美国第九任总统威廉·亨利·哈里逊出生在一个小镇上，他小时候是个文静怕羞的孩子，人们都把他看作傻瓜，常喜欢捉弄他。他们经常把一枚 5 分硬币和一枚 1 角的硬币扔在他的面前，让他任意捡一个，威廉总是捡那个 5 分的，于是大家都嘲笑他。有一天，一位好心人问他：“难道你不知道 1 角钱比 5 分钱值钱吗?”“当然知道。”威廉慢条斯理地说，“不过，如果我捡了那个 1 角的，恐怕他们就再没有兴趣扔钱给我了。”

还有宋太宗，他在北苑饮酒，臣子孔守正和王荣侍奉酒宴。二臣喝得酩酊大醉，互相争吵不休，失去了臣下的礼节。内侍奏请太宗将二人抓起来送吏部治罪，但是太宗派人送他们回家去了。

第二天，他俩酒醒了，想起昨晚酒后在皇上面前失礼，十分后怕，一齐跪在金銮殿上向皇帝请罪。宋太宗微微一笑，说：“昨晚，朕也喝醉了，记不得有这些事。”

宋太宗托词说自己也醉了，不但没有丢失皇帝的颜面，而且使这两个臣子今后也会警诫自己。宋太宗装糊涂，既表现了大度，又收买了人心。

智慧箴言

人活于世，显得太愚蠢不行，显得太聪明也不行。所谓“不智不愚”，其实就是假借糊涂之象行聪明之道的大哲学。

▼

看透不说透，还是好朋友

做人要精明，但最好不要表现得淋漓尽致。实际上，历来真正聪明的人都善用表面糊涂的策略。因为越是聪明的人越知道聪明人处世难，容易招致妒忌，甚至为聪明而付出代价。

一个城里人和一个乡下人一起坐车。城里人看起来很体面，而乡下人却很老实。城里人一路冷嘲热讽，乡下人只是笑笑。过了一会儿，城里人为显示自己聪明，又说："我们猜猜谜语吧！每人出一个谜语，谁要是猜不出来就给对方10块钱，怎么样？"

乡下人还是笑了笑，说："这样不太公平，你是城里人，一看就比我聪明，我肯定要吃亏的。我先出谜语，你来猜，如果你没有猜出来，你付我10块钱；你出的谜语，我要是猜不出来，我给你5块钱。你看这样行吧？”

城里人心想：“凭你个糊涂的乡下人还能比我聪明？你就等着输钱吧。”于是点着头说道：“不许反悔！”

乡下人出谜语：“什么东西三条腿，还能在天上飞？”

城里人想了一想，没有猜出来，便给了乡下人10块钱。然后他反问道：“什么东西三条腿，还能在天上飞？”

乡下人说：“你出的谜语好难呀！我也猜不出来。”一边说，一边给城里人递去5块钱。

上面故事中的城里人，他真比那个乡下人聪明吗？这也许不好下定论，不过大家可以看到，他们比赛的结果是城里人白白输了5块钱。而那个乡下人却是表面糊涂，内心聪明，是个真正会做人的人。

人人都希望自己聪明，但是，真正聪明的人不是时刻都要表现给人看的。糊涂，而且是佯装糊涂，是一般人很难做出来的。但是，糊涂的确是成功做人的一种方式。而且有时候，表面的糊涂也是迷惑他人的一个手段，可以给自己减少麻烦。

明武宗南巡时，扬州知府蒋瑶感到非常为难，因为他是个清廉的官员，平时也没有多少积蓄，这接待圣驾的确是个难事。而且他平时做人刚正，不肯巴结皇上身边的人，自然少不了有人嫉恨他。

这天，喜好钓鱼的明武宗正好钓到一条大鱼，想找个人卖掉。御钓之鱼当然不是常人所能买得起的，那些小人一看机会来了，就对皇帝说："这条鱼卖给扬州知府最合适了。"明武宗听了，真的把蒋瑶叫来，要他买下。

蒋瑶听到这消息非常为难：怎么办呢？自己没有钱，再说皇上的鱼给多少才合适呢？最重要的是还不能和皇上斗智，否则冒犯了龙颜，正落入了小人的圈套。

蒋瑶想了想说："我回家拿钱去。"过了一会儿，他取来了妻女的首饰和几件好一点儿的衣服，跪在地上献给皇帝，说道："皇上的鱼乃无价之宝，臣这里只有妻女的一些首饰和衣物，臣真该死。"皇帝看蒋瑶一副狼狈的样子，反倒高兴了起来。

这里蒋瑶就是运用了表面装糊涂的方法，这也正体现了他的聪明睿智。他拿着妻女的一些首饰和衣物去买皇上的鱼，充其量就是出丑而已，而如果他要小聪明，那肯定是难逃小人的算计，其后果是可想而知的。

智慧箴言

胡适先生曾说："凡是有大成功的人，都是有绝顶聪明而肯做笨功夫的人。"而那些有点儿小聪明就自以为是的人，恐怕永远也悟不透其中的奥妙。

▼

与其张牙舞爪，不如装聋作哑

日常生活和工作中，面对烦心事有人张牙舞爪，有人装聋作哑。那么我选装聋作哑。装聋作哑可避免成为别人攻击的目标，也可避免自己去找别人麻烦！当然，我们不能无原则的装聋作哑。

某机关有一个女孩子，平日只是默默工作，并不多话，和人聊天总是微微笑着。有一年，机关里来了一个好斗的女孩子，很多同事在她的主动攻击之下，不是辞职就是请调。最后，矛头终于指向了这个女孩子。某日，这位好斗的女孩子抓到了那位一贯沉默的女孩子的把柄，立刻吵闹起来，谁知那位女孩子只是默默笑着，一句话也没说，偶然回一句：“啊？”最后，好斗的那位好孩子主动鸣金收兵，但也气得满脸通红，一句话也说不出来。过了半年，这位好斗的女孩子也自请他调。

你一定会说，那个沉默的女孩子的“修养”实在太好了，其实不是这样，而是那位女孩子听力不大好，理解别人的话不至于有困难，但总是要慢半拍，而当她仔细聆听你的话语并思索你话语的意思时，脸上又会出现“无辜”“茫然”的表情。你对她发作那么久，那么卖力，她回你的却是这种表情和“啊”的不解声，难怪还要斗不下去？只好鸣金收兵了。

这个故事说明了一个事实：“沉默”的吸纳力量是何其大，面对“沉默”，所有的语言力量都消失了！只要有人的地方，就会有斗争。这不是新鲜事，和平相处才是怪事，因此你要有面对不善之举的心理准备；你可以不去攻击对方，但保护自己的“防护网”一定要有，给你的建议是：不如装聋作哑！

聋哑之人是不会和人争斗的，因为他听不到、说不出，别人也不会找这种人斗，因为斗了也是白斗。不过大部分人都不聋又不哑，一听到不顺耳的话就会回嘴，其实一回嘴就中了对方的计。不回嘴，对方自然就觉得无趣了；对方如果还继续挑衅，只会凸显他的好斗与无理取闹罢了，因此面对你的沉默，这种人多半会在说几句话之后就仓皇地“且骂且退”，离开现场。如果此刻你装出一副听不懂的样子，并且发出“啊”的声音，那么更能让对方“败走”。

不过，要“作哑”不难，要“装聋”才是不易，因此也要培养对他人攻击性语言“入耳而不入心”的功夫，否则心中一起波澜，就会给自己招致祸害。

智慧箴言

有时，装聋作哑是必要的，它可起到不战而胜的效果。装聋作哑能避免成为别人的目标，还能少给别人找麻烦。当然，原则问题我们不能装聋作哑。

▼

退一步天地宽，让一招儿前途广

愚笨的人在人际交往中会处处表现自己的“聪明”，聪明的人在人际交往中常把“糊涂一点儿”作为特定情况下的交际武器，去解决一些棘手的难题。一次，一位妇人对林肯说：“总统先生，你必须给我一张授衔令，委任我儿子为上校。我提出这一要求，并不是在求你开恩，而是我有权利这样做，因为我祖父在列克星敦打过仗，我叔叔是布拉斯堡战役中唯一没有逃跑的士兵，我父亲在新奥尔良打过仗，我丈夫战死在蒙特雷。”林肯听后说：“夫人，我想你们一家为报效国家已做得够多了，现在是把这样的机会给予别人的时候了。”这位妇人希望林肯看在其家人功绩的面上，为其儿子授衔。林肯不是不明白，他故作糊涂，曲解其本意，婉言拒绝。这样，自己既坚持了原则，又不伤害妇人的自尊。

在应该“糊涂一点儿”时而没有“糊涂一点儿”，小事上太过计较，不能大事化小、小事化了，有时也会酿成大错。

“糊涂一点儿”，是个明智的处世策略。有位名叫伊吹卓的日本作家，一向认为自己很聪明，可是奋斗了半辈子，还是乏善可陈。他一气之下，发明傻瓜哲学，告诉人们：遇事要“糊涂一点儿”。郑板桥解释自己的四字名言时说：“退一步天地宽，让一招前途广……糊涂而已。”

“糊涂一点儿”，其实是大智若愚。它并不是真糊涂，而是大聪明。聪明会让人成功，傻笨会让人觉得可爱，“糊涂一点儿”就是将聪明和傻笨的优点合为一体。人活世上，只有百年。生命苦短，如果在小事上算计来算计去，就会浪费无比珍贵并且无法补回的时间。为那些很快就会被所有人忘了的小事而烦恼，实在无意义。

在处理人际关系时应“糊涂一点儿”，不要为一些琐碎问题垂头丧气。但是，这里说的糊涂绝不是叫人浑浑噩噩、糊里糊涂，而是大事不糊涂、小事糊涂些。人毕竟是人，应当具有良知和社会责任感，不能只是朦胧着眼睛来看待世界，对于大是大非必须观察清楚，在必要时，要站出来说话，甚至义无反顾地大干一场，直至奉献自己的宝贵生命。所以我们只能“糊涂一点儿”，不能完全糊涂。

所谓“糊涂一点儿”，就是对人要擅见其长，不拘泥于小节；对事能总揽全局，不舍本逐末；在处理大是大非时能够坚持原则、分清是非、顾全大局、恪守道义、避恶从善；在无关紧要的小事上则不做过多计较，不寸利必争，不小题大做，要任其自然。每一个人都要把握好“糊涂”的分寸，否则便是真正的糊涂。事情有大小之分，处理的方法也应该因事制宜，不可事无巨细，使用同一个药方。如果能将“糊涂一点儿”这个明智处世策略掌握，就可以称得上特别聪明的人。

智慧箴言

“大勇若怯，大智若愚。”大智若愚是一种人生的最高修养，也是一种做人的大智慧。成大事者懂得深藏不露，会在适当的时候糊涂一点儿。

第七章
心中有尺度，沟通有分寸

▼

面对尴尬，学会给自己圆场

1993年的“9·23之夜”，北京电视台在五洲大酒店设立直播现场，首都各界名人应邀出席。一旦北京“申奥”成功，这里狂欢的画面将通过卫星传送到全世界。北京时间9月24日凌晨2点15分，国际奥委会主席萨马兰奇出现在屏幕上，所有在电视机前的中国人都期待着他说出“北京”两个字。萨马兰奇确实说了，但他是用英语说的“感谢北京……”。有人仅仅听到了“北京”就以为申奥成功了，旋即开始了狂热的欢呼，这种情绪霎时传遍全场，人群沸腾了，记者一拥而上准备采访……

应邀做压轴演出的台湾“急智歌王”张帝先生也沉浸在狂喜之中，但他突然发现CCTV的转播屏幕上是悉尼街头的欢呼场面。他的心一揪，赶忙告诉周围人：“冷静，可能有误。”场上瞬间静得一点儿声息也没有了。

张帝艰难地站起来，这位见多识广、阅历丰富的急智歌王，平生第一次感到太难了，那张饱经沧桑的脸上表情异常复杂——

“各位，刚刚一听到北京，我的心多么狂喜，我以为我们得到了这份荣誉，但最后的结果是悉尼……可我要说，其实北京已经胜利了，我们真的赢了！（场内爆发出热烈的掌声）各位从电视转播中看到，北京已经成为世界的焦点，参与奥运会，我们已经走上国际舞台，这就是我们的骄傲！各位朋友，我是台湾来的，但我代表了全中国、全世界华人的心声：祝福我们北京在象征着自由与和平的方向上，永远迈开大步，走向胜利！刚才有位朋友说了，有40%的把握，这是中肯的。我们在短短的时间里让世界一下子了解我们是不够的，我们努力了，脚步还要加快，北京就要朝这个方向走……”

张帝机智的圆场，给全世界华人找了台阶，救了场子，这与他在关键时刻能够保持冷静、从容不迫地应对有不可分割的关系。让人下不来台的事大多发生在人们料想不到的时候，但是，只要能及时转换角度，巧说妙解，不但能给自己找到台阶，甚至能给生活增添某种乐趣。

有一对夫妻因小事争执不下，在家吵闹不休。正当妻子向丈夫做狮吼状时，有一对朋友来访，丈夫尴尬得无地自容。好在妻子也顾及丈夫的面子，看朋友到来连忙住口。但对丈夫来说，终究一时无法从窘境中摆脱。朋友见状，笑着说：“听你俩交流还挺热烈，我来得可真不是时候啊。”此话一出，那位妻子先红了脸，无语离去。其丈夫马上调侃地对朋友说：“打是亲骂是爱，我们刚才是在打情骂俏呢！别看她刚才那么凶，其实正表示她对我的关心，不信你问她。”这时他妻子从里屋出来与朋友交谈，争吵便化为云烟。

夫妻之间的这种圆场，同样要具备两种素质方能达到：一是要有包容、忍让的雅量，乐于给人台阶；二是要善于应变，就像救火的消防队员们那样临危不惧，才能迅速地对难堪境地做出反应，找到应对办法。

在社交场合，每个人都展现在众人面前，因此都格外注意自己社交形象的塑造，都会比平时表现出更为强烈的自尊心和虚荣心。在这种心态的支配下，如果有人因你下不来台，就会对你产生强烈的反感，甚至与你结下终生的怨恨。反之，如果你为他提供了台阶，使他保住了面子、维护了自尊心，他就会对你有所感激，产生好感。这些对于今后的交往会产生深远的影响。给人台阶，及时救场，如同为人灭火。

智慧箴言

乐意给人台阶，让对方能下来台，不单单是技术问题。没有容人的雅量，见别人尴尬时便幸灾乐祸，就不可能成为一个圆场高手。当然，没有圆场的机智，也会使人力不从心。

▼

批评他人，先为其挡块遮羞布

有一位李先生，喜欢跟别人争辩，借以卖弄自己的学识，如果你不跟他争辩，他倒也不会来麻烦你、伤害你。

这位李先生是一个很好的人，忠实、不说谎、不伪装，也从来不投机取巧，不做一点儿亏心事，更不占别人便宜。

但这样一个好人却不受别人欢迎。这是怎么回事呢？

原来他过分看重了自己，以为自己是个十全十美的人，以为人人都应该以他为模范、导师。因此，他喜欢随时随地地去教训别人、指导别人。看见别人有一点点缺点，就加以批评、指责，像大人管教小孩、老师对待学生一样，摆出一副道貌岸然、神圣不可侵犯的神态。甚至常常有意地夸大别人的缺点，把别人的一时疏忽或无心的过失说成是存心不良或者行为不端。

同时他又不能容忍别人对他有什么不恭敬、不忠实之处。如果他吃了别人一点儿亏或受了别人一点儿欺骗，那他就把对方当作罪大恶极、无耻至极的人，加以攻击、嘲笑、讽刺或漫骂。

只要想一下，就可以知道这种人是多么令人可怕，到处都会激起别人的憎恶与反感。

生活中，批评和赞扬一样必不可少，因为缺点每个人都有。要想与某人的关系更进一层，除了一般的关怀和赞美外，还要善于对他人的缺点提出善意的批评，这样往往能赢得他人的信任，让他将你视为知己。但要注意的是，批评对方时，措辞要尽量委婉，如果你的批评太刺耳，说不定会使他站到与你敌对的立场去。

美国南北战争时期，在一次讨论双方兵力的会议上，有人问林肯总统："南方军有多少人？"林肯不假思索便回答说："120 万至 160 万之间。"这个数据远远超过了南方军的实际兵力。望着四周惊疑的脸庞，林肯接着说："不对吗？每次作战失利后，我们的那些将军总是对我说，敌人的兵力至少是我们三四倍。我军 40 万，敌人不就是 120 万至 160 万吗？"为了对军官夸大敌情、开脱责任提出批评，林肯巧妙地开了个玩笑，借调侃之语嘲笑了谎报军情的军官。这种批评显然比直言不讳的斥责要好得多。

其实，许多时候批评的效果并不在于言语的尖刻而在于形式的巧妙，正如一片药加上一层糖衣，不但可以减轻吃药者的痛苦，而且使人很愿意接受。批评也一样，如果我们能在必要的时候给其加上一层“外衣”，同样可以达到“良药甜口也治病”的目的。

就如尽管大家都知道药物能治病，但吃到苦药仍感觉难以下咽，坦率地提出批评，即使不因此招人怨恨，至少也难以受到欢迎。所以批评一个人之前，你不妨先赞扬他一番，直说得他心花怒放，这时你再指出他的白璧“微”瑕，相信他比较乐于接受。此方法长孙皇后就曾试用于唐太宗，效果很不错。

魏征是我国历史上有名的谏官，唐太宗想做的很多事情都被他谏止了。于是，唐太宗便觉得很不舒坦，不能忍受。有一次，他退朝回到宫中，余怒未息，说：“总有一天，我要杀了他！”长孙皇后得知皇上要杀魏征，便急忙换上朝服，给皇上道贺。太宗不解，便问其故，长孙皇后说：“我听说主明臣直，魏征忠直，正因为陛下是明主，这难道不是一件该庆贺的事情吗？”唐太宗听罢，不由得转怒为喜，魏征的脑袋自然也就保住了。后来，魏征病死，唐太宗还流着泪说道：“以铜为镜，可以整理衣冠；以史为镜，可以看出兴衰；以人为镜，可以知道得失。现在魏征死了，我失去了一面好镜子啊！”

长孙皇后实在是一个很有头脑的人，她没有直言太宗不该滥杀谏臣，而是通过赞颂皇上英明起到批评的效果，达到自己的目的。由此可以看出“良药”未必要“苦口”，把“良药”包上“糖衣”，治病的效果反而会更好一些。

注意，批评的目的不是贬损别人，也不是打击别人，而是帮助别人改正缺点。为了达到预期的目的，就必须掌握批评的艺术。

一、就事论事，别提过去

有些人一批评别人时就喜欢算旧账：“对了，你以前做过XX事，还做过XX事。”“顺便说一说上次你……”这样算总账的方式，可以说是很常见的。但这种责备方式使用起来一般毫无效果。被批评者会觉得对方是没有足够的道理，才扯出往事。如此一来，不仅不会反省，甚至会反驳说：“既然如此，当时为何不说？”或想道：“原来他早就对我有成见。”

批评他人时，不应把“局部”的过失上升到“全部”，比如：“你这个人真卑鄙！”“你干什么都粗心大意！”“你总是不长进！”这一类的批评令人反感，对方会认为你是在找一些鸡毛蒜皮的事小题大做，借机打击报复。

更不可“株连”到人格污辱上，一旦被批评者遭受人身攻击，自然而然地将采取敌对的防御措施。在这种情况下，批评已经全然变质，甚至演化为双方的对抗。

二、迂回点化，无声批评

不直接批评对方，而用打比方、举例子的办法提醒对方，促使对方解除疑虑或恐惧，提高认知，改正缺点。例如，你想让孩子把自己的房间整理好，就不妨跟他说："房间要是整整齐齐，你就可以在这儿招待朋友。找衣服、录音带、书本的话，也会很快找到。"

有时无声的行为比语言更能起到批评的效果。有一个大老板开了许多商店。他每天都到其中一家商店查看。一天，他发现一个顾客在柜台前等着买东西，但售货员并没注意到他。售货员正站在柜台的另一边与人聊天。这时，这个大老板没说一句话，迅速站到柜台后面，给顾客拿了要买的东西。他的行动是对售货员严厉的批评。

三、语气亲切，勿态度生硬

有什么样的态度就有什么样的用语。如果态度诚恳，语气也必定会亲切，让人听了心里舒服；如果态度生硬，自以为是，别人就不会买你的账。有的人批评人时总喜欢用"你应该这样做……""你不应该这样做……"之类的话，仿佛只有他的看法才是正确的，这种自以为是的口吻只会引起他人的反感。

可见批评人颇具学问，批评得当，对方会非常感激你；批评不当，便会自取其辱。所以批评别人时，应在善意的批评声中透出人情味，这样才能更好地达到我们预期的效果。

对别人的过失与错误，首先要分析他们犯错的原因，是受到恶劣环境的影响，还是他们自己认识不清，或是一时疏忽。除了一些冥顽不灵的人之外，大多数人所犯的错误都是可以原谅的，也都是可以改正的。我们应该抱着与人为善的态度，对别人的错误，在不伤别人自尊心的原则下，诚恳而婉转地加以解释与批评，安慰犯错者的苦恼，鼓励他们改正，自己吃了亏受了骗，只要以后小心提防，不再上当就行了，不必就因此而跟对方结下深仇大恨，应留给对方一个悔改的余地。倘若一个人得罪了你，你不但不跟他计较，不向他报复，反而原谅他、宽恕他，必要时还去帮助他，在一般的情形之下，他多半会对你万分感激和愧疚，往往也会因此受了你的感化痛改前非的。

智慧箴言

一个人对自己要求严格，不做一点儿错事，这自然是十分正确的事。但不要因此就把自己看得太高，以自己的标准来要求别人，以为别人都是笨蛋，只有自己才是圣人。

▼

“实话实说”也要看情形

有这样一个故事：

从前，有一个爱说老实话的人，什么事情他都照实说，所以不管到哪儿，他总是被人赶走。这样，他变得一贫如洗，简直无处栖身。最后，他来到一座修道院，指望着能被收容进去。修道院长见过他，问明了原因以后，自觉秉持“热爱真理，并且尊重那些说实话的人”，于是把他留在修道院里安顿下来。

修道院里有几头有毛病的牲口，修道院长想把它们卖掉，可是他不敢派手下到集市去，怕他们把卖牲口的钱私藏腰包。于是，他就叫这个诚实人把两头驴和一头骡子牵到集市上去卖。诚实人在买主面前只讲实话，说：“这头驴很懒，喜欢躺在稀泥里。有一次，长工们想把它从泥里拽起来，一用劲儿，拽断了尾巴。而另一头驴特别倔，一步路也不想走，他们就抽它，因为抽得太多，毛都秃了。这头骡子，是又老又瘸。如果它们干得了活儿，修道院长干吗要把它们卖掉啊？”买主们听了这些话就都走了。这些话在集市上一传开，谁也不来买这些牲口了。于是，诚实人到晚上又把它们赶回了修道院。听完诚实人讲述完集市上发生的事，修道院长发着火对他说：“朋友，那些把你赶走的人是对的。不应该留你这样的人！我虽然喜欢实话，可是却不喜欢那些不懂人情事理的实话！所以，老兄，你走吧！”

就这样，诚实人又从修道院里被赶出来了。

其实，故事中“诚实人”的遭遇并不是偶然的，现实生活中也不乏类似的例子。

舞蹈家邓肯是19世纪最富传奇色彩的女性，热情浪漫外加叛逆的个性，使她成为反对传统婚姻和传统舞蹈的前卫人物。她小时候更是纯真，常坦率得令人发窘。

圣诞节，学校举行庆祝大会，老师一边分糖果、蛋糕，一边说道：“看啊，小朋友们，圣诞老公公给你们带来了什么礼物？”

邓肯马上站起来，严肃地说：“世界上根本没有圣诞老公公。”

老师虽然很生气，但还是压制住心中的怒火，改口说：“相信圣诞老公公的乖女孩才能得到糖果。”

“我才不稀罕这些糖果。”邓肯回答。

老师勃然大怒，处罚邓肯坐到前面的地板上。

智慧箴言

很多时候需要一些善意的谎言来维护自己的名誉及利益，说话办事一定要学会变通，否则难以在这个社会上立足。

▼

言语失当，巧用矫正之术

“人有失足，马有失蹄”。在人们交际的过程中，无论平凡人还是名人，都免不了发生言语失误。虽然个中原因有别，但它造成的后果却是相似的：或贻笑大方，或纠纷四起，有时甚至闹得不堪收拾。

那么，能不能采取一定的补救措施或者矫正之术，去避免言语失误带来的难堪局面呢？回答是肯定的，只要采取一些“方圆”技巧即可。具体有以下几种。

一、及时改口

历史上和现实中有许多能说会道的名人在失言时因死守自己的城堡而惨败。比如1976年10月6日，在美国福特总统和卡特共同参加的、为总统选举而举办的第二次辩论会上，福特对《纽约日报》记者马克斯·佛朗肯关于波兰问题的质问做了“波兰并未受苏联控制”的回答，并说“苏联强权控制东欧的事实并不存在”。这一发言在辩论会上属于明显的失误，当时就遭到记者的反驳。反驳之初，佛朗肯的语气还比较委婉，意图给福特订正的机会。他说：“问这一件事我觉得不好意思，但是您的意思难道在肯定苏联没有把东欧变为其附庸国？也就是说，苏联没有凭军事力量压制东欧各国？”

福特如果当时明智，就应该承认自己失言并偃旗息鼓，然而他觉得身为一国总统，面对着全国的电视观众认输，绝非善策，于是继续坚持，一错再错，结果付出了沉重的代价，在大选时落选。刊登这次电视辩论会的所有专栏、社论都纷纷对福特的失策做了报道，他们惊问：

“他是真正的傻瓜呢，还是像头驴一样顽固不化呢？”

卡特也乘机把这个问题再三提出，闹得天翻地覆。

高明的辩论家在被对方击中要害时绝不强词夺理，他们或点头微笑，或轻轻鼓掌。如此一来，观众或听众弄不清他们葫芦里藏的什么药。有的从某方面理解，认为这是他们服从真理的良好风范；有的从另一方面理解，又以为这是他们不喜争辩的豁达胸怀。而究竟他们认输与否尚是个未知的谜。这样的辩论家即使要说也能说得很巧，他们会向对方笑道：“你讲得好极了！”

相比之下，里根就表现得高明许多。

一次，美国总统里根访问巴西，由于旅途疲乏、年岁又大，在欢迎宴会上，他脱口说道：

“女士们，先生们！今天，我为能访问玻利维亚而感到非常高兴。”

有人低声提醒他说错话了，里根忙改口道：

“很抱歉，我们不久前访问过玻利维亚。”

但他并未去过玻利维亚，当那些不明就里的人还来不及反应时，他的口误已经淹没在后来的滔滔大论之中了。这种将说错的地点、时间加以掩饰的方法，在一定程度上避免了当面出丑，不失为补救的有效手段。只是，这里需要的是发现及时、改口巧妙的语言技巧，否则要想化解难堪也是困难的。

在实践中，遇到类似以上的情况时，有三个补救办法可供参考：

一是移植法，就是把错话移植到他人头上。比如说：“这是某些人的观点，我认为正确的说法应该是……”这就把自己已出口的某一错误纠正过来了。对方虽有某种感觉，但是无法认定是你说错了。

二是引申法，就是迅速将错误言辞引开，避免在错中纠缠。如接着在错话之后说：“然而正确说法应是……”或者说：“我刚才那句话还应做如下补充……”这样就可将错话抹掉。

三是改义法，就是巧改错话的意义。当意识到自己讲了错话时，干脆重复肯定，将错就错，然后巧妙地改变错话的含义，将明显的错误变成正确的说法。

二、顾左右而言他

某校某班在一次高考中数学和外语成绩突出，名列前茅。校长在评功总结会上这样说：

“数学考得好，是老师教得好；外语考得好，是学生基础好。”

在座师生听罢沸沸扬扬，都认为校长的说法有失公正。一位教师起身反驳：“同一个班，师生条件基本相同。相同的条件产生了相同的结果，原本是很自然的事，不公平的对待实在令人费解。原有的基础与尔后的提高相互联系，不能设想学生某一学科基础差而能提高得快，也不能设想学生某一学科基础好而不需要良好的教学就能提高。校长对待教师的劳动不一视同仁，将不利于团结，不能调动广大教师的积极性。”

会场有人轻轻鼓掌，然后是一阵静默。而静默似乎比掌声对校长来说更有压力和挑战意味。校长没有恼怒，反而“嘿嘿”地笑起来，他说：“大家都看到了吧，X老师能言善辩，真是好口才。很好，很好！言者无罪，言者无罪。”

尽管别人猜不透校长说这话的真实意思，然而却不得不佩服他的应变能力，他为自己铺了台阶，而且下得又快又好。听了上述回答后，无人再就此问题对校长追击诘问。

既要撤退，就不宜做任何辩解，辩解无异于作茧自缚，结果无法摆脱。

三、借题发挥

据说，司马昭与阮籍有一次同上早朝，忽然有侍者前来报告：“有人杀死了母亲！”

放荡不羁的阮籍不假思索地说：“杀父亲也就罢了，怎么能杀母亲呢？”

此言一出，满朝哗然，认为他“有悖孝道”。阮籍也意识到自己言语的失误，忙解释说：“我的意思是说，禽兽才知其母而不知其父，杀父就如同禽兽一般，杀母就连禽兽都不如了。”

一席话竟使众人无可辩驳，阮籍也由此避免了杀身之祸。其实，阮籍在失口之后只是使用了一个比喻就暗中更换了题旨，然后借题发挥一番，巧妙地平息了众怒。

在现实生活中，借题发挥也大有用武之地。某中专学校的一次智力竞赛中，主持人问：“三纲五常中的‘三纲’指的是什么？”

一名女生抢答道：“臣为君纲，子为父纲，妻为夫纲。”恰好颠倒了三者的关系，引得哄堂大笑。

当这名女生意识到答错后，她将错就错，立刻大声说道：“笑什么，封建的旧‘三纲’早已不存在了，我说的是新‘三纲’。”

主持人问：“什么叫作新‘三纲’？”

她说：“现在我国是人民当家做主，上级要为下级服务，领导者是人民的公仆，岂不是臣为君纲？当前独生子女是父母的小皇帝、小公主，家里大小事都依着他们，岂不是子为父纲？在许多家庭中，妻子的权力远超过了丈夫，‘妻管严’比比皆是，岂不是妻为夫纲吗？”

她的话音一落，场上掌声四起。大家为她的言论创新叫绝，为她的应变能力叫好。

四、坦率道歉

对待言语失误，有时公开道歉比犹抱琵琶半遮面的掩饰来得高明。当然，“坦率”的目的仅在于把问题讲清楚，这不等于“直率”，解释也必须讲究策略。

做错事情之后，大多数人都会自我羞愧一阵，然后去向人低声道歉，接着便灰溜溜地离开。但多数情况下，仅靠一句“对不起”是不足以获得谅解的。以博拉的事件为例。有一次，博拉在与同事谈话时称其上级是“机器人”，结果被上级知悉。于是博拉给上级写了一张字条，约他抽空谈一谈，上级同意了。

“我用那个词绝无其他用意，现在倍感悔恨。”博拉向上级解释说，“我之所以用‘机器人’之类的字眼儿，只不过是想开个玩笑，我感到上级只专心于工作而对我们有些疏远，因此，‘机器人’三个字只不过是描述这种感情的一种简短方式。”上级为博拉合情合理的解释和自我批评而深受感动，他甚至当即表态，说要努力善解人意，做个通情达理的人。

把问题讲清楚，通过这种方式，博拉帮助上级做到了平心静气，并顺利解决了他们之间的感情危机。

智慧箴言

我们在日常交际中难免会有言语不当的时候，如果强行辩解，不懂偃旗息鼓，就会给社交造成障碍。而聪明人懂得巧用矫正之术。

▼

刚柔有度，相得益彰

在人际交往和工作生活中，心平气和、和颜悦色的谈吐，最容易博得人们的好感，值得广为提倡。俗话说：“一句话能把人说笑，一句话也能把人说恼。”一般情况下，能把人说“笑”的人，通常是属于“柔”类的，其语言也通常是柔和甜美的。古往今来，都把“和气待人”“和颜悦色”视为一种美德。《礼记·少仪》说：“言语之美，穆穆皇皇。”“穆穆”，指“敬之和”；“皇皇”，指“正之美”。《汉书·刘向传》说“和气致祥，乖气致异”。可见，和气是人们友好交往的最佳境界。

与“柔”相反，则为“刚”。“刚”的表达方式有两个特点：一是刚毅生威。刚者临危不惧，神态刚强，能表达强烈的正义情感，产生巨大的震撼力。二是辞严雄辩。刚言出口，理直气壮，义正词严，铿锵有力，有闻之震耳、以正压邪的作用。这种特殊的表达功能是柔弱者所不及的。那些私心过重的人，看上去气势汹汹，实际上色厉内荏，欺软怕硬。对他们过分温柔，反而会助长其嚣张气焰。这时候，你要敢于争辩，一身正气，口气强硬。“两刀相割，其利自见”，歪风邪气就会退避三舍。

“刚”的硬度如何并不在于“嗓门高，口气冲，措施狠”，关键在于“理”，在于“理”的锋芒是否打到对方的要害处。“刚”并非人人皆有，刚言也并非人人敢说。要想“刚”，必须有过硬的思想修养。古人说：“无欲则刚。”今人说：“打铁先得自身硬。”只有刚毅之士，才能讲出刚毅之言；只有一身正气，光明磊落，才能底气十足，刚硬无比。如果自身不干净，私心太重，“吃了人家的嘴短，拿了人家的手软”，得了别人的好处，自然手软，硬气不起来。

那么怎样做才能有“刚”劲呢？一是遇事要沉着冷静，要养成处险不惊、临危不惧的大将风度。越是情况紧急，越要表现出强者的姿态，要有敢于斗争和战胜对手的坚定信心。神态自若本身就给对方施加了强大的心理影响，从精神上压倒对方，这就为刚言出口创造了有利条件。二是善于攻其弱点。无理取闹者本身就不得人心，要利用其色厉内荏的弱点据理力争，有时要抓住对方语言上的漏洞发起进攻，确立自己的优势和强硬地位，把对方置于被动挨打的位置。语句要短促，语势要凌厉，发声要有力，态度要威严，有斩钉截铁、拔剑砍地之势，有五雷轰顶、感人肺腑之感，这样才能使之震颤，进而产生“挽奔马于悬崖，拦狂涛于险岸”的刚硬效果。

一般来说，刚能胜柔。但有的时候，柔也能克刚。因为“柔”相对“刚”而言，也有其独到之处。刚强之物，形可碎而不可变，坚而不韧，强而易脆。而柔软之物，随势变形，柔而耐长久，软而有韧性。在论辩中，有时避强守柔，看似怯弱，实为克刚之术。

那么，“刚”与“柔”二者究竟孰重孰轻呢？

分寸学认为，凡事都要针对具体情况，刚柔并用，千万不可绝对化。刚与柔相辅相成，太刚易折，太柔易废，刚柔相济则无往而不胜。这是事物发展的内在规律。古代君主治国安邦，必须文武并举、德刑并用，从宏观上统治人民，控制全国局势。而在现代社会处世交际中刚柔并济依然有其神奇作用，且不可偏重一方。如果你是一个行政主管或领导，要做到令出必行、指挥若定，必须保持一定的威严。道理很简单，在领导指导业务上，没有令对方与下属感到畏惧的威慑力是不容易尽责称职的。

当然，威严也不等于恶言相向、破口大骂。整日板着面孔训人，那么你的下属可能因畏惧你而不敢接近你，甚至于将你孤立起来。

只有在工作时对待下属令出法随、说一不二，发现了下属的差错绝不姑息，立即指出，限时纠正，不允许讨价还价，要让下属滋生敬畏之心，才会使你威风凛凛。但是，只有威严是不行的，还得富有人情味。

对于犯错误者而言，一个经常性的毛病是对自己的错误习焉不察，仿佛不识庐山真面目的山中人，常常浑浑噩噩、糊糊涂涂。为此，我们同这类人对话时，可以先猛击一掌，当头棒喝，使其心灵受到震动，从而深刻反思，待对方有所触动之后，再对自己刚才言语的率直和态度的不礼貌加以道歉。这种方式近乎“先硬后软，先刚后柔”，对于犯错误较深、较大者尤为有用。某高中女生受不良风气影响有了早恋倾向，和同班一个男生频繁约会，上课时也眉目传情，以致经常不完成作业。一次测验，她只做了一小半题目便扬长而去，班主任把她留下来，一开口就问她为什么不做完题目，她回答：“没心思做。”班主任听后厉声呵斥：“你那心思都干什么去了？你为何如此执迷不悟？告诉你，中学生绝不允许谈情说爱。再过一年，你就会明白，他上了重点大学后，就不会跟你来往了——因为你这种人太浅薄了，太虚浮了，太没有价值了！”那女生一听，不觉泪水扑簌簌流了下来，眼里流露出怨恨的目光，但心里却受到极大震动。待她哭过后，老师才温和地说：“请你原谅，我的话可能不够礼貌，其实我只是出于无奈，是害怕你堕落到那种地步。”那女学生终于领会了老师初始严厉继而温和的言谈方式的真实用意。因此，一面接受批评，一面暗下决心洗刷掉“浅薄”带来的耻辱。班主任那“软硬兼施”“刚柔并济”的谈话方法也就取得了应有的效果。

这里所说的刚柔并济还有另一个含义，就是批评和表扬相结合。正像美国著名企业家玛丽·凯·阿什在《用人之道》一书中所说的那样：“绝不可只批评不表扬，这是我严格遵循的一个原则。你无论批评什么事情，都必须找点儿值得表扬的事情留在批评前和批评后说。这叫作‘先表扬，后批评，再表扬’。”当然这种做法不是绝对的，有时可以先批评后表扬，或者先表扬后批评。总之，要有批评，也要有表扬，这样下属对领导的批评就容易接受了。比如有一天，处长对一位女打字员说：“你打的字真整齐，就像你这人一样整洁、美丽。”那位打字员听到处长的表扬非常高兴，喜形于色。处长抓住时机，接下去说：“你以后对标点要特别注意一下，怎么样？”女打字员很爽快地答应：“行，没问题。”处长用的就是刚柔并济的方法。试想，如果处长直接批评女打字员打的材料标点符号有很多错误，要她以后特别注意。女打字员可能因受领导批评而几天不愉快，也可能起身为自己辩护，说自己是很小心的，标点符号的错误是原稿件上的，自己不负这个责任。这样，就达不到批评的目的。因此，在人际交往中，无论表现“刚”还是“柔”，都应把握好分寸，因人而异，摸清对方心理。切记“刚”不是为了耍威风，把矛盾激化，而是为了缓和冲突，转化矛盾，解决矛盾。要注意不讲蛮话、激话、脏话，如果硬过了头，就会激化矛盾，产生危险后果。“刚”到好处为硬而不脆、威而不逼，火候一到就要给人以台阶，体面地下台，使矛盾圆满解决。而“柔”，虽然感化力强，但局限性大，对于那些失去良心和理智、“吃硬不吃软的人”是无济于事的。如果对这些人用柔的策略，无异于对牛弹琴，还会使你显得软弱胆小，同时助长其嚣张气焰。

智慧箴言

“刚”“柔”的运用也要看对象、分场合，不能一概而用。如此这般，方能达到刚柔互补、刚柔并济。

▼

敢于自嘲，巧妙化解尴尬处境

一个人能嘲笑自己，常常会带给别人无限的欢乐。

每个人都有弱点、缺点，但若能带着洞察力自谦、自嘲，从而衬托出他人的优越感，使人开怀大笑，则是大智若愚的幽默高手。

海利·福斯蒂说："不论你想笑别人怎样，先笑你自己吧。"自嘲是幽默最常见的方式，也是培养幽默感的第一步。

自我解嘲一方面可以活跃气氛，另外还可以解脱自卑感。当然，当你想说笑话、讲小故事，最安全的目标莫过于你自己。如果你笑的是自己，谁还会不高兴呢？因此，"自己先笑自己，总比被人取笑要好得多"。我们若能将自己的弱点借助巧言妙语表达出来，使谈话"趣中见智"，则必能换取听者的开心笑声。

此外，笑谈自己还可以增进自信心，因为你有勇气笑自己，使得他人也能自在地笑他自己。而且当你与他人一同笑的时候，你不会伤害他，也不会令他不悦，因为你已经证明，你是个能与他共欢笑的人，而不是在一旁取笑和批评他的人。

艾德·沙利文说："如果你为别人做了一件好事，那么，同时你也振奋了自己，因为欢乐是一贴精神兴奋的良方，它能超越一切障碍。"

要以轻松的态度面对自己，而以严肃的态度面对人生，否则，我们就有烦恼了。不成熟的个性常在于视自己为世界的中心，而成熟者则和群体有和谐的关系。

人的一生难免会有失误、缺陷，或遇上尴尬的处境。有的人喜欢遮遮掩掩，有的人喜欢辩解。其实越是遮遮掩掩，心理越是失衡；越是辩解，越是出丑。最佳的方法是学会嘲笑自己。

许多著名人物，都以取笑自己来达到双方完满的沟通。他们利用一般人认为并不好看的外貌特征来开自己的玩笑。

大家都知道林肯长相很丑，可他不但不忌讳，反倒常常诙谐地拿自己的长相开玩笑。在竞选总统时，他的对手攻击他两面三刀，搞阴谋诡计。林肯听了指着自己的脸说："让公众来评判吧，如果我还有另一张脸的话，我会用现在这张脸吗？"还有一次，一个反对林肯的议员走到林肯跟前挖苦地问："听说总统您是一位成功的自我设计者？""不错，先生。"林肯点点头说，

“不过我不明白，一个成功的自我设计者怎么会把自己设计成这副模样？”

人没有理由不喜欢这样的人。如果有人拿我们开玩笑，我们就同他开怀大笑，不要埋怨。如果你真的没有可调侃的缺点，就去虚构一个，缺点通常不难找到。如果你愿意取笑自己，就会把欢笑带给更多的人，你因此也会获得更多的欢笑，从而快乐无穷。

智慧箴言

自嘲是人际交往中不可缺少的一环，掌握了自嘲的艺术，会更利于彼此的沟通。